华夏建构

图解中国古建筑

大私塾

孙蕾　王安琪　柴虹　编著

漓江出版社

图书在版编目(CIP)数据

建构华夏：图解中国古建筑 / 孙蕾，王安琪，柴虹编著. --桂林：漓江出版社，2019.7
ISBN 978-7-5407-8597-0

Ⅰ.①建… Ⅱ.①孙… ②王… ③柴… Ⅲ.①古建筑 – 建筑艺术 – 中国 – 图解 Ⅳ.①TU-092.2

中国版本图书馆 CIP 数据核字（2018）第295393号

建构华夏：图解中国古建筑
JIANGOU HUAXIA TUJIE ZHONGGUO GUJIANZHU

作　　者：孙　蕾　王安琪　柴　虹
绘　　图：孙　蕾　王安琪　柴　虹　孙宇奇
摄　　影：孙　蕾　王安琪　柴　虹　孙宇奇　张剑文　唐恒鲁　刘忠刚　张晓科

出 版 人：刘迪才
出 品 人：符红霞
策划编辑：符红霞
责任编辑：杨　静
特邀策划：张海彤
助理编辑：谷　磊　赵卫平
封面设计：柒拾叁号
责任校对：王成成
责任监印：周　萍

出版发行：漓江出版社有限公司
社　　址：广西桂林市南环路22号
邮　　编：541002
发行电话：0773-2583322　　010-85893190
传　　真：0773-2582200　　010-85893190-814
邮购热线：0773-2583322
电子信箱：ljcbs@163.com
网　　址：http://www.Lijiangbook.com
印　　制：北京尚唐印刷包装有限公司
开　　本：710mm×1000mm　　1/16
印　　张：18
字　　数：260千字
版　　次：2019年7月第1版
印　　次：2019年7月第1次印刷
书　　号：ISBN 978-7-5407-8597-0
定　　价：68.00元

漓江版图书：版权所有　侵权必究

漓江版图书：如有印装质量问题，可随时与工厂调换

前言

建筑最初是人类为了生存而建造的居住之处，随着人类文明的发展，建筑业也在不断地更新。可以说建筑是人类物质文明的体现，同时也是人类精神文明的反映。不同的民族、国家因为自然环境、技术条件以及精神层面的差异，产生了不同的建筑式样。中国传统建筑（即中国古代建筑）的形成发展源远流长，是中国人民数千年的智慧和精神的结晶，拥有一套完整的、独立的体系，在世界建筑史上有着极其重要的地位。

中国传统建筑产生于原始社会，经历了奴隶制社会、封建社会，影响了周边多个国家的建筑形式。它也是中国传统社会礼制、价值取向、艺术形态的重要反映。中国传统建筑是中国传统文化的实物体现，它有着严格的等级制度，对建筑屋顶的样式、建筑的开间、大门的式样等都有着明确的规定。建筑群的组合形式也反映了中国传统思想，中国传统建筑群基本以合院的形式进行围合，大到皇家建筑群，小到民间四合院，皆以院为中心进行建造。

从"中国营造学社"建立之初，国人开始了对中国传统建筑的系统研究，但更多的是以专业的研究角度入手。随着社会对传统文化的重视，传统建筑也开始进入到大众的视线之中。由于当代建筑与传统建筑有很多的差异，因此，传统建筑的一些专有名称、构成形式、组合方式等对民众认识传统建筑造成了一定的困难。也正是这些困难促成了本书的出版。

本书在众多专业学者的研究基础之上，从传统建筑的基本构成着手，介绍中国传统建筑的发展历程。在现存的中国传统建筑中，皇家建筑、宗教建筑以及民居建筑是数量最多，也是大家普遍能接触到的。本书选取其中最具有代表性的类型，通过对典型建筑实例的分析，来进一步介绍中国传统建筑。如皇家宫殿建筑群北京紫禁城，皇家苑囿颐和园；现存最早的木构架建筑——五台山南禅寺大殿，仅存的辽代木塔——山西应县佛宫寺释迦塔；代表中原民居的北京四合院、黄土高原窑洞，代表江南民居的江浙民居、安徽民居，代表南方移民文化的福建土楼等。或有遗漏及不足之处，还请多多包涵。

孙蕾

2018 年 10 月 27 日于清华园

76 陆 再创辉煌——宋、辽、金建筑

84 柒 最后的盛世——元、明、清建筑

93
· 第三章 权力的象征——皇家建筑

95 壹 为君独尊——帝王宫殿

121 贰 帝王的赏欣之道——苑囿

141 叁 敬神祭祖——祭祀建筑

163 肆 帝王的身后居所——陵寝

185
· 第四章 特色鲜明的儒释道建筑

186 壹 礼乐同辉的儒雅之堂——孔庙（文庙）

192 贰 修心向善的敬佛之所——寺院

213 叁 石窟——佛释建筑的第三种代表类型

219 肆 返璞归真的『神仙洞府』——道观（道宫·道院）

目 录

第一章 中国古代建筑的特征

壹 东方名筑——中国古代建筑的影响力 ... 2

贰 以木为美——中国古代建筑的材料特征 ... 3

叁 以『数』制胜——中国古代建筑的平面特征 ... 6

肆 凡屋三分——中国古代建筑的立面特征 ... 12

伍 举屋之制——中国古代建筑的结构特征 ... 24

陆 雕梁画栋——中国古代建筑的装饰特征 ... 33

第二章 历史上的中国建筑

壹 茹毛饮血——远古时期的建筑 ... 44

贰 建筑雏形——夏、商、周建筑 ... 47

叁 秦时明月汉时关——秦、汉建筑 ... 52

肆 纷争时代——三国、两晋、南北朝建筑 ... 60

伍 繁华盛世——隋、唐、五代建筑 ... 65

第五章 民居建筑

- 226 壹 海棠飘香——北京四合院
- 236 贰 森林中的小木屋——长白山井干式民居
- 239 叁 黄土高原上的窑洞民居
- 244 肆 大红灯笼高高挂——山西民居
- 247 伍 小桥流水人家——江南水乡民居
- 252 陆 水墨中国——徽州民居
- 257 柒 客家「碉堡」——土楼
- 262 捌 竹林村落——傣族民居
- 265 玖 装配式住宅的先驱——蒙古族民居
- 268 拾 东北大院——满族民居

272 参考书目

第一章 中国古代建筑的特征

壹 东方名筑——中国古代建筑的影响力

贰 以木为美——中国古代建筑的材料特征

叁 以『数』制胜——中国古代建筑的平面特征

肆 凡屋三分——中国古代建筑的立面特征

伍 举屋之制——中国古代建筑的结构特征

陆 雕梁画栋——中国古代建筑的装饰特征

中国古代建筑（即中国传统建筑）在世界建筑史中独树一帜，拥有一套土生土长的结构体系——木构架。尽管中国不断受到外来文化，甚至军事方面的影响，但这套独有的建筑体系始终存在着，并且沿用至今。可以说，中国传统建筑是中华文明重要的组成部分。

壹 东方名筑——中国古代建筑的影响力

三大东方古建筑体系

中国古代建筑与西方古代建筑分属不同的建筑体系。西方学者在世界建筑史研究中，将建筑分为东方建筑与西方建筑。东方建筑又划分为三大系统，即中国建筑、印度建筑和穆斯林建筑。这三大建筑系统通过多种传播途径，影响了整个亚洲地区、非洲北部，以及欧洲南部。受中国建筑影响的国家和地区主要有越南、朝鲜半岛、日本群岛、蒙古国等。印度建筑所影响的国家和地区主要集中在东南亚、南亚等地。穆斯林建筑发源于阿拉伯地区，影响到中亚、北非、南欧等地区。而西方建筑则是以欧洲为中心，影响到欧洲大陆、部分非洲地区以及美洲大陆。

中国古建的传播方式

中国古代建筑的传播与战争、宗教信仰有很大关系，同时也与朝贡制度密切相关。古代中国在文化、经济发展上，比周边国家和地区先进，在军事上也略胜一筹。历史上，各番邦附属国、周边邻国为了从中国获取先进技术和文化知识，都会派遣使节前来长住学习。这不仅进一步推动了古代中国的经济发展，同时促进了中国文化与外来文化的交流，也将中国古代建筑技术与风格传到周边的国家和地区。

贰 以木为美——中国古代建筑的材料特征

西方建筑材料以石材为主,为什么中国建筑材料会以木材为主呢?

并非"被迫"之选

1. 选木不选石,并非中国木材较多。中国幅员辽阔,石材绝对不少于木材,中国的木材储量也并不比欧洲的更多。

2. 选木不选石,并非中国匠人善木不善石。从出土的汉代墓穴可以看到:中国人将石材用于建筑并不比欧洲人晚,早在汉代,中国匠人就已经掌握了拱券和穹窿[①]技术(图1-1)。隋代的赵州桥是至今保存最完整的古代单孔敞肩石拱桥[②](图1-2),无论是跨度还是造型都早于欧洲同类型的拱

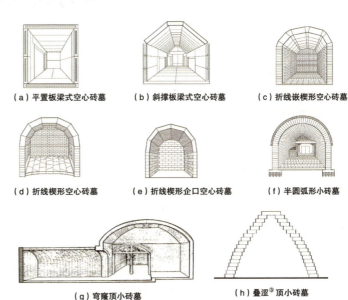

(a) 平置板梁式空心砖墓　　(b) 斜撑板梁式空心砖墓　　(c) 折线嵌楔形空心砖墓

(d) 折线楔形空心砖墓　　(e) 折线楔形企口空心砖墓　　(f) 半圆弧形小砖墓

(g) 穹窿顶小砖墓　　(h) 叠涩[③]顶小砖墓

图1-1　汉代砖墓中的拱券和穹窿

---

① 拱券:外形多为圆弧状,根据建筑类型不同,形式有所变化。穹窿:由多个曲面体组成的呈半球形或近似半球形的顶盖,多用于屋顶。两者均为建筑结构名称。
② 敞肩桥:桥体两端肩部各有两个小拱。没有小拱的称"满肩"或"实肩"。
③ 叠涩:是古代砖石结构建筑的一种砌法。

建构华夏

图1-2 河北赵县赵州桥是典型的敞肩石拱桥

桥。南京以"石头城"闻名，南京石头城墙出现的时间，已被证实不会晚于三国时期。中国现存古建筑中，大到陵墓、石塔、华表①，小到台基、栏板，无不显示着：对于石材，中国古代匠人无论是在建造技术上还是装饰装修上，都达到了非常高的水平。

"以人为本"的建造目的

东方的木结构建筑，西方的石结构建筑，两者结构上的差异其实与建筑的建造目的有关。

从上古时期至中世纪，欧洲的主流建筑几乎都是为神灵而建造的，无论是古埃及时期的阿布辛拜勒神庙、古希腊时期的雅典卫城、古罗马时期的万神庙，还是中世纪的圣母百花教堂、米兰大教堂（图1-3）等，都是为神明、上帝而建，要求建筑具有永恒性，要宏伟且威严庄重，而在建造时间上并没有那么迫切。

中国古代建筑大多是为当时的凡人所建造的，如宫殿、苑囿等；即便是

---

① 华表：中国古代立于桥梁、宫殿、城垣、陵墓前作为标志和装饰的大柱。一般为石造。柱身往往雕有蟠龙等纹饰，上有云板和蹲兽。云板，为报时报事之器，形状像云。

图1-3 意大利米兰大教堂

寺庙,最初也是以"舍宅为寺"的方式出现的,发展到后来形成"地位显、香火盛"的建造理念,改建、扩建频繁,如同百姓翻建自宅一样。

源自"五行"的土木思维

选材的差异同样与东西方的文化取向有关。西方人认为人是由石头再造的,学有所成之人,被称为柱石之才;除了建筑之外,圣坛以及神像也都是用石材打造的。中国人讲求阴阳五行之说,代表五行的金、木、水、火、土分别对应着西、东、北、南、中五个方位;"土"孕育了万物,承载一切,被用作建筑的台基;"木"代表春天,是生命的象征;由"土"(台基)来承载"木"(柱子、梁架)。"土木"即中国古代建筑的基本材料。

基于"阴阳和合"的空间追求

"坚固、实用、美观"是《建筑十书》[①]中提出的西方建筑三原则，石材能很好地满足这三个原则。西方人首先要求建筑坚固，而后才是实用与美观；对建筑与环境，以及建筑的内部空间并没有提出过多的要求。中国人则与之相反，对于空间的追求极为重视，且要求阴阳和合。老子曰"万物负阴而抱阳，冲气以为和"[②]，这也是中国人对于建筑、环境、建筑内部所追求的一种理想状态，在建筑材料上的"土木"组合，正是负阴抱阳、阴阳和合的最好体现。

叁 以"数"制胜——中国古代建筑的平面特征

中国古代建筑通常由数个单体建筑组成一个建筑群，因此在单体建筑的面积上就会有所控制，这也是与西方建筑极为不同的一大特征。举例来说：中国传统建筑中，现存最大的单体建筑是故宫中的太和殿，占地面积 2377 平方米；而法国巴黎的卢浮宫，占地面积为 198 公顷（198 万平方米）。从平面上来看，卢浮宫的总平面一目了然，内部的平面组织较为复杂，而故宫建筑群则是总平面组织较为复杂，建筑单体平面较为简单——故宫太和殿与卢浮宫的对比、故宫建筑群与卢浮宫的对比，特别直观地反映出中西古代建筑思想的差异。（图 1-4）中国古代建筑是从"数量"的角度出发，对建筑群总平面进行功能组织设计、划分；而西方建筑则是从"体量"的角度出发，组织整座建筑的平面功能。

---

① 《建筑十书》是现存最早关于西方古典建筑的典籍，由古罗马建筑师维特鲁威所著，约于公元前 14 年出版。
② 出自老子《道德经》第 42 章。

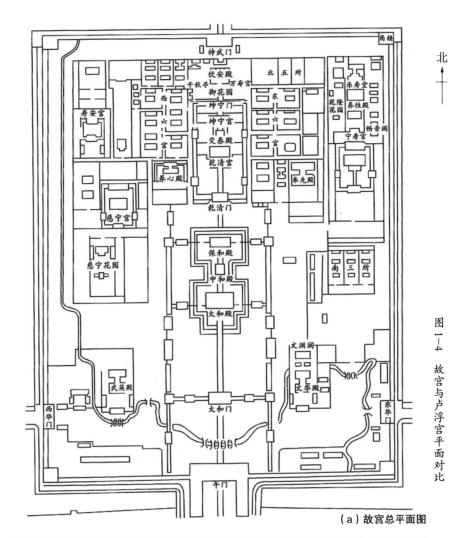

(a) 故宫总平面图

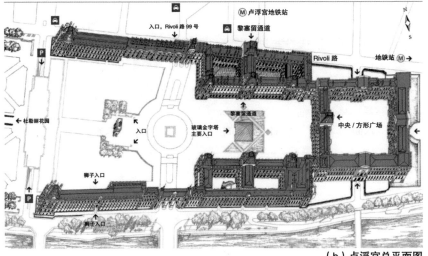

(b) 卢浮宫总平面图

图 1-4 故宫与卢浮宫平面对比

古建筑的面积怎么定

中国古代用"间架"来计算一座建筑单体的面积。

间，指面宽（面阔），是建筑长方向的距离，单位为"间"，即横向柱网轴线之间的面积，间数通常为单数，从正中向两侧依次为"明间""次间""梢间""尽间"。（图1-5）《红楼梦》中"五间正房"即正房面宽为五间，是指建筑大小，而非建筑数量。

架，指进深，是建筑短方向的距离，单位为"架"，以梁架为依据。（图1-6）

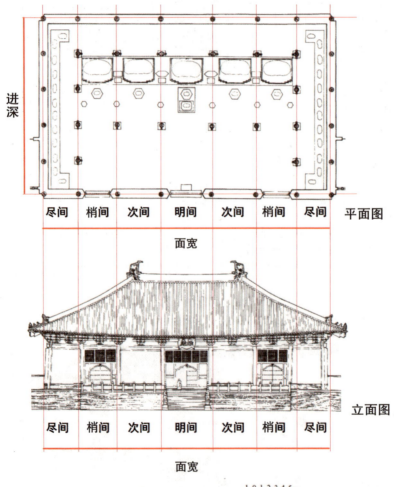

图1-5　面宽及"间"示意图（大同善化寺）

架指檩①(lǐn)，在屋架的标准设计中檩的位置或间距通常是固定的，因此可以用来度量建筑的进深尺度。在宋代，檩之间的水平距离称"步"或"步架"；到清代时，则用"架"来指代檩的数量。因此宋代"三步"的进深等于清代"四架"的进深。

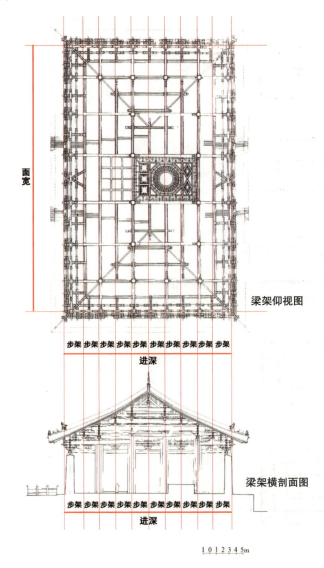

图1-6 进深及"架"（"步架"）示意图（大同善化寺）

---

① 檩：中国古代建筑的结构构建，是架在梁头、沿建筑长方向布置的水平构件。

柱子的排布方式

单体建筑的柱子排布，所划分的空间形式称为"分槽"。传统建筑的地盘①分槽主要有分心槽、单槽、双槽、金厢斗底槽等。下面，以殿阁建筑为例，列出常见的几种地盘分槽形式（图1-7）。

分心槽，室内一排柱子沿建筑长边，将建筑平面平均划分。

单槽，室内一排柱子沿建筑长边，将建筑平面划分为大小不等的两个空间。

双槽，室内两排柱子沿建筑长边，将建筑平面划分为大小不等的三个空间。

金厢斗底槽，室内有一圈柱子，将建筑平面划分为内外两层空间，外层环抱内层。

在此四种地盘外加一圈外廊的做法称"副阶周匝"。金厢斗底槽外加副阶周匝只能用于较高等级的建筑。

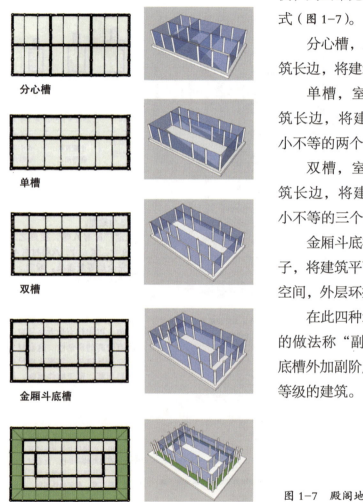

图1-7 殿阁地盘分槽示意图

---

① 地盘：建筑物的基地。《朱子语类》卷十四："如人起屋相似，须先打个地盘。地盘既成，则可举而行文矣。"

古建筑的组织核心

中国古代建筑的组织核心是轴线，即中心空间。以单体建筑来看，中心空间为轴线。几乎所有传统建筑的平面都是轴线对称布局，即便在功能上轴线两侧有所不同，在结构上也还是对称的，这一点从地盘分槽就可以看出。

从建筑群的角度看，中心空间是院子，是轴线上的节点，串联起各个单体建筑。院落与单体建筑具有同等重要的地位，传统单体建筑的平面形式简单，但院落的形状、大小是可以无限变化的，因此单体建筑需要依靠院落才能达到建筑机能上的完整。单体建筑与院落组合，形成一个单元或多个单元，可以沿纵深轴线形成"路"，用"巷"将"主路""次路""支路"串联起来，形成组织严密的建筑群；（图1-8）或因地就势，与环境相结合，形成自由灵活的群落布局。（图1-9）

图1-8　建筑群的空间组织（江西南昌汪山土库）　　　　　图1-9　江西婺源篁村建筑群

肆 凡屋三分——中国古代建筑的立面特征

"凡屋有三分（fēn）。自梁以上为上分，地以上为中分，阶为下分。"——北宋喻皓《木经》①（图1-10）

"凡屋有三分"，是指建筑由三个部分组成，即屋顶、屋身、台基。在中国古代建筑发展中，这三个部分是可以独立的。例如：占卜星象的观星台、

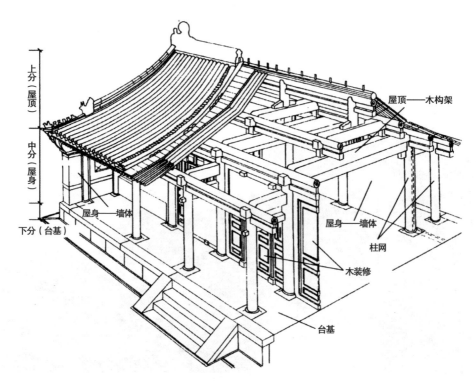

图1-10 中国古建筑构造组成图解

---

① 《木经》原书已不存，部分片段可见于北宋沈括《梦溪笔谈》第十八卷。

祭祀用的北京天坛圜丘（图1-11）、建筑前的月台（图1-12）等都是台基的一种形式；仅由梁柱体系支撑，上承屋顶的亭、榭（图1-13、图1-14），也是一种独立的建筑；院子可以说是没有屋顶的建筑；而平屋顶也可以认为是没有屋顶的建筑类型。中国古代建筑是一个组合体，屋顶、屋身、台基三个部分，既可以组合，也可以分解。

第五立面

"建筑的第五立面"是现在的建筑词语，指的是建筑轮廓线——天际线，是一种从远处观看建筑的视觉效果。如果把建筑作为远景、中景、近景来看，

图1-11　北京天坛圜丘

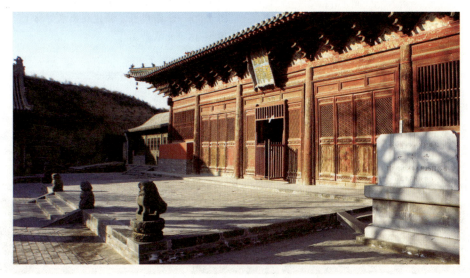

图1-12　山西阳高云林寺大雄宝殿月台

图 1-13 ｜ 图 1-14

图 1-15

图 1-13 清遥亭（北京颐和园）
图 1-14 水榭戏台（福建福州衣锦坊）
图 1-15 北京景山

中国古代建筑不太看重中景的效果，而是更注重远景和近景。远看，建筑要做到与环境相映成趣；近看，建筑的细节要经得起细细品味。例如北京景山，是一座人工堆砌的山，看似平淡无奇，但如果从远处观望，山上的五座亭子与壮丽雄魄的环境浑然天成；（图1-15）若走近细赏，则有雕梁画栋、栾栌交错，让人感叹古代建筑的精美（图1-16）。

古建屋顶的样式

中国古代建筑有正式建筑和杂式建筑之分，这

图1-16　北京景山辑芳亭

是中国古代建筑行业对官式建筑的习惯性区分。凡是平面投影为长方形，屋顶为庑殿、歇山、悬山、硬山做法的木结构建筑即为正式建筑，其他形式的建筑就是杂式建筑。

庑殿顶，有一条正脊和四条戗脊，故又称"五脊殿"。由于屋顶有四面斜坡，故又称"四阿顶"（图1-17）。早期主要用于庙宇的山门[①]、正殿等建筑群里中轴线上的建筑。明清时只用于皇家建筑以及孔庙正殿，是一种等级比较高的屋顶。在所有的屋顶样式中，等级最高的是重檐庑殿顶。北京故宫中的太和殿就是重檐庑殿顶。

---

① 山门：指寺院门面的门或者门楼，过去的寺院多居山林，故名"山门"，通常以三个门洞或者一个门洞加左右两扇窗户的形象出现，又称"三门"。

图 1-17　庑殿顶（山西大同善化寺大雄宝殿）

歇山顶，有一条正脊、四条垂脊和四条戗脊，故又称"九脊顶"，是等级仅次于庑殿顶的屋顶样式（图 1-18）。歇山顶是将山墙①两侧的屋顶上端向中间收，形成三角形的山花，并且用搏风板、悬鱼、惹草进行装饰，此种做法叫作"收山"。北京天安门即为重檐歇山顶。

图 1-18　歇山顶（山西朔州崇福寺观音阁）

---

① 山墙：指沿建筑物短边方向的墙体，除了充当围护结构，也起到与相邻建筑隔开和防火的作用。

悬山顶，又称"挑山"或"不厦两头"。屋顶悬出山墙之外，避免山墙淋雨（图1-19）。悬山顶是夯土山墙和土坯山墙①常用的屋顶形式，多用于厢房或配殿②。

图1-19　悬山顶（山西五台南禅寺西配殿）

硬山顶，屋架结构被包在山墙内，屋顶不悬出山墙，垂脊落在山墙之上（图1-20）。硬山顶盛行于明代，明代山墙已发展为砖砌筑，不怕雨淋。

图1-20　硬山顶（山东济南灵岩寺天王殿）

① 夯土山墙：墙体由压实的泥土组成。土坯山墙：墙体由预制的方形黏土砖砌筑而成。
② 厢房或配殿：指正房或正殿两侧的建筑，多为东西朝向，与正房或正殿围合成院落。

歇山、悬山、硬山三种屋顶的正脊做法又分为尖山和卷棚两种。正式屋顶按等级排列次序，从高到低依次为：重檐庑殿顶，重檐歇山顶，单檐庑殿顶，单檐歇山顶，卷棚歇山顶，悬山顶，卷棚悬山顶，硬山顶，卷棚硬山顶。

杂式屋顶种类较多，包括四角攒尖、六角攒尖、八角攒尖、圆攒尖、套方、扇面、盝顶、十字脊、勾连搭等。攒尖屋顶可做重檐、三檐。相较于正式屋顶的规矩、方正，杂式屋顶更为灵活、自由（图1-21）。

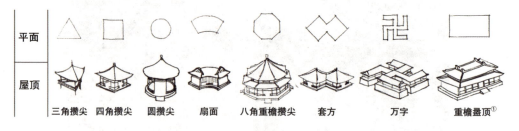

图1-21 杂式屋顶示意图

屋顶上的装饰品——吻兽

吻兽是屋顶上的重要装饰物，是各个屋脊上的兽形构件。吻兽的出现最早可追溯至周朝，它是建筑等级的一种反映，同时又有装饰屋顶、保护瓦顶、加固屋脊的功能，是非常实用的建筑构件。吻兽分为大吻（也称"正吻""龙吻"）、垂兽、脊兽（仙人走兽的合称）。

大吻位于正脊两端，常见的形象是一个张着大口衔住脊端、中心卷曲向脊、形似鱼尾的兽，故又称"吞脊兽"（图1-22）。大吻又称"螭（chī）吻"，螭，是神话中龙生九子中的一子，是一种无角的龙，可降水防灾，所以放在

① 盝顶：是一种传统建筑屋顶样式，顶端为四个正脊围成的平顶，四角向下做垂脊，在金元时期较为常见。

第一章 中国古代建筑的特征

图 1-22	图 1-22 山西高平开化寺西厢房屋脊大吻——鸱吻
图 1-23	图 1-24	图 1-23 山西高平开化寺山门垂兽
		图 1-24 山西高平开化寺山门套兽

殿顶正脊处。在殿顶各条垂脊端部的垂兽是传说中的龙子"好望"，它喜欢眺望远方，故被放在此处（图 1-23）。除了常见的三类吻兽，在一些殿顶的戗脊下端（即大殿各角端）会设有一个昂首的龙头，是龙子"嘲风"，传说其大胆、好险。此构件被称为"套兽"（图 1-24）。套兽的作用除了装饰，还可避免木

海马　　　狻猊　　　押鱼　　　獬豸　　　斗牛　　　行什

图 1-25　清康熙年间太和殿脊兽（北京故宫东华门展厅）

19

构件受风雨侵蚀。

脊兽位于殿顶翘起的戗脊上，通常是一排仙人走兽，仙人的数量为一，走兽的数量通常为单数，即三、五、七、九，北京故宫太和殿除外。太和殿戗脊仙人走兽由前往后排列，依次为仙人，龙（万物之首，寓意帝王之尊）、凤（百鸟之王，象征圣德尊贵）、狮（象征勇猛威严）、天马（传谕四方）、海马（传谕四方）、狻猊（象征威武勇猛）、押鱼（灭火防火）、獬豸（象征忠直公正）、斗牛（消灭灾祸）、行什（带翅猴面压尾兽），共有1个仙人，10个走兽（图1-25）。在皇家建筑中，按照建筑的等级由高到低，走兽从后向前递减。龙、凤、狮这三种走兽仅用于皇家建筑，行什仅仅出现在太和殿屋顶。在非皇家建筑中，走兽以天马为首，海马、狻猊、押鱼、獬豸、斗牛跟在其后。同样，依建筑等级由高到低，走兽从后向前递减。

古建屋身的特征

在柱子将平面划分的各"间"中，明间的柱距最大，通常是一个横向的长方形，次间、梢间近似正方形，尽间柱距最小，是一个纵向的长方形。这样的比例关系形成一种韵律，加上柱子的升起①（图1-26），建筑立面会出现一条非常有趣的曲线（图1-27）。

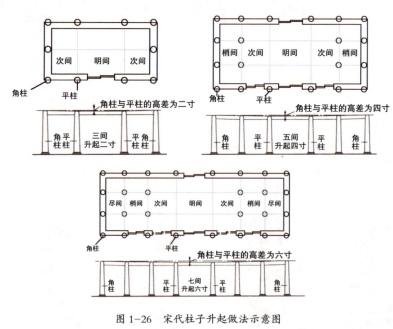

图1-26　宋代柱子升起做法示意图

---

① 升起：建筑物立面上，檐柱自中央由当心间向两端依次升高，使檐口呈一缓和优美的曲线。这种做法在宋《营造法式》中称为"生起"。

第一章　中国古代建筑的特征

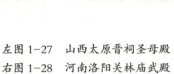

左图 1-27　山西太原晋祠圣母殿
右图 1-28　河南洛阳关林庙武殿

建筑的屋身由墙体、柱子、门窗组成。墙体，在建筑中起到围合的作用，同时也能形成院落。中国古代建筑很大的一个特点就是院落，因此建筑面向院落的墙面就显得尤为重要。很多传统建筑对山墙面不做修饰，将重点放在正立面。因此，一些重要建筑的正立面通常会采用制作精美的门或门窗组合（图 1-28）。

古建台基的变化

基是建筑的基座，台则是多个建筑的台基联合。台基的出现与防潮、防洪、防涝有着很大的关系。抬高地面，使地面水不易流进室内；同时通过对土的夯实，可阻止地下水的蒸发，也能阻止地面水对木构架基础的侵蚀。

在古代，台基的大小是身份的象征，《礼记》中有"天子之堂九尺，诸侯七尺，大夫五尺，士三尺"的说法，其中的"堂"就是指台基。为了衬托宫殿建筑庞大的屋顶，台基也常常做得宽阔而高大，平衡了宫殿造型的稳定感。台基的扩大，也有效扩大了宫殿的体量，能够强化宫殿的崇高感。

台基由基身、台阶、栏杆等组成，大致可分为平台式和须弥座式两种。

在六朝之前，平台式台基十分普遍，基身的线条基本是平直的，并沿用至明清。平台式根据包砌材料不同，可分为砖砌式和满装石座。砖砌式为一般房屋所用，属于低等台基，也叫普通台基。满装石座的做法和材料都更为考究，主要用于重要建筑群中的一般殿座，属于中等台基。

21

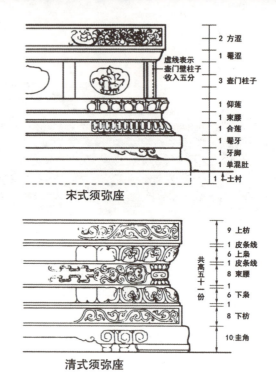

左图 1-29　江西赣州大宝光禅师塔的须弥座（唐）
右图 1-30　宋式、清式须弥座对比示意图

六朝之后，重要建筑的台基开始被一种由佛像座演变而来的"须弥座[①]"取代（图1-29），用以提升台基的等级。须弥座的线条和图案是一种装饰，层次、形状、纹样随着各朝代审美的变化而有所不同。（图1-30）发展至明清，皇家建筑群中的重要建筑会采用多层台基结合泄水螭龙首的做法，以彰显其尊贵的地位。（图1-31）

楼梯式台阶为"踏道"，坡道式称为"斜阶"。周末至汉初，"两阶制"在殿阁建筑中非常盛行，"堂有两阶，阼阶在东，宾阶在西"，即建筑正立面有两个踏道，东侧是主人行走的，西侧是客人行走的。明清时期发展为"两阶一路"，如山东曲阜孔庙大成殿前的台阶，两侧

图 1-31　北京太庙多层须弥座台基

---

① 须弥座：又称"金刚座"或"须弥坛"，是安置佛、菩萨的台座。后用于建筑台基装饰。印度传说中称"须弥山是世界的中心，用须弥山做底，以显示佛的神圣"。

左图 1-32　山东曲阜孔庙大成殿前的"两阶一路"
右图 1-33　山东曲阜孔庙石栏杆构件

为踏道，中间为御道（图 1-32）。御道上有腾龙卷云石雕，只有最尊贵的人才能在上面行走。

台基上的栏杆通常为石栏杆，又称"勾阑"或"勾栏"，具有安全防护、分割空间、装饰台基的作用。由望柱①、栏板、地栿（fú）三部分组成（图 1-33），望柱和栏板常有雕刻装饰。发展至清代，望柱已经形成一套模式化样式（图 1-34）。

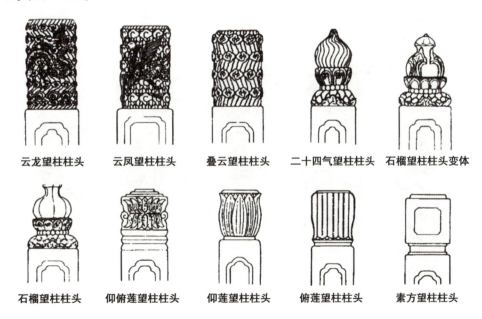

云龙望柱柱头　云凤望柱柱头　叠云望柱柱头　二十四气望柱柱头　石榴望柱柱头变体

石榴望柱柱头　仰俯莲望柱柱头　仰莲望柱柱头　俯莲望柱柱头　素方望柱柱头

图 1-34　清式栏杆望柱柱头图示

---

① 望柱：也称栏杆柱。

建构华夏

伍　举屋之制——中国古代建筑的结构特征

《诗经》中有"筑室百堵……如跂（qí）斯翼，如矢斯棘，如鸟斯革，如翚（huī）斯飞"之句，用来形容中国古代建筑上翘的屋脊与弯曲的屋面。（图1-35）

反曲面，中国古建独一份

反曲面是中国古代建筑屋面一大特征，但是关于它的成因和作用在有关的古籍文献中并没有给出直接的答案，于是引发了学者们的讨论研究。

伊东忠太[①]：这是汉民族的审美趣味使然——汉民族认为曲线要比直线

图1-35　山西长治龙门寺大雄宝殿

---

① 伊东忠太（1867—1954），日本著名建筑史学家。

优美。

李约瑟[①]：向上翘起的檐口冬季有利于纳阳，夏季又可以遮阳，还可以将雨雪排出檐外，防止台基和柱子被过度侵蚀。

刘致平[②]：屋面曲线是一种补救技术上不足的措施。"中国屋面之所以有凹曲线，主要是因为立柱多，不同高的柱头彼此不能画成一直线，所以宁愿逐渐加举做成凹曲线，以免屋面有高低不平之处。久而之久，我们对于凹曲线反而为美。"

乐嘉藻：在其著作《中国建筑史》中提出了与刘致平类似的看法："考中国屋盖上之曲线，其初非有意为之也。吾人所见草屋之稍旧者，与瓦屋之年久者，其屋面之中部，常显下曲之形，是即曲线之所从来也。愈久则其曲之程度亦愈大，是可知屋盖上之曲线，其初乃原因于技术与材料上之弱点而成之病象，非以其美观而为之也。其后乃将错就错，利用之以为美，而翘边与翘角，则又其自然之结果耳。"

以上都是学者们带有主观意向的解说。从宋《营造法式》、清工部《工程做法》则例中其实不难看出，屋顶曲线是严格的构造所规定的产物。宋代的做法为"举折"，清代的做法为"举架"，在做法上稍有不同。

古建筑的支撑体系

宋《营造法式》根据木构架构造的不同，将建筑分为殿阁、厅堂、余屋。按照建筑的规模、屋顶的样式以及材料的规格，来确定建筑的等级。从建筑结构的角度来分：殿阁，是指建筑的所有的柱高度相同，支撑结构自下而上依次为柱子层、斗拱层、屋架层（图1-36）。厅堂，是指室内的柱子高于建筑最外一圈柱子，内柱上架梁，梁上承槫（tuán）（图1-37）。余屋，是指仅采用梁柱搭接来支撑整个建筑，很少使用铺作。从建筑类型的角度来分：殿阁建筑包括殿宇、楼阁、殿门、城门楼台，厅堂建筑包括堂、厅、门之类等级

[①] 李约瑟（Joseph Terence Montgomery Needham，1900—1995），英国近代生物化学家、科学技术史专家，曾主编巨著《中国科学技术史》。

[②] 刘致平（1909—1995），字果道，辽宁铁岭人，建筑学家。著作有《中国建筑类型及结构》（中国建筑工业出版社，2000年）。

图 1-36　宋代殿阁型构架示意图

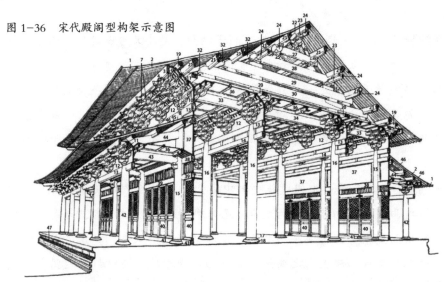

1. 飞子；2. 檐椽；3. 橑檐枋；4. 斗；5. 拱；6. 华拱；7. 下昂；8. 栌斗；9. 罗汉枋；10. 柱头枋；11. 遮椽板；12. 拱眼壁；13. 阑额；14. 由额；15. 檐柱；16. 内柱；17. 柱櫍；18. 柱础；19. 牛脊槫；20. 压槽枋；21. 平槫；22. 脊槫①；23. 替木；24. 橑间；25. 驼峰；26. 蜀柱；27. 平梁；28. 四椽栿；29. 六椽栿；30. 八椽栿；31. 平棊枋；32. 托脚；33. 四椽（明栿月梁）；34. 四椽明栿（月梁）；35. 平棊枋；36. 平棊；37. 殿阁照壁板；38. 障日板（牙头护缝造）；39. 门额；40. 四斜毬文格子门；41. 地栿；42. 副阶檐柱；43. 副阶乳栿（明栿月梁）；44. 副阶乳栿（草栿斜栿）；45. 峻脚椽；46. 望板；47. 须弥座；48. 叉手

图 1-37　宋代厅堂型构架示意图

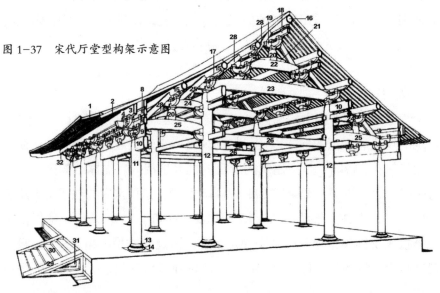

1. 飞子；2. 檐椽；3. 橑檐枋；4. 斗；5. 拱；6. 华拱；7. 栌斗；8. 柱头枋；9. 拱眼照壁；10. 阑额；11. 檐柱；12. 内柱；13. 檐柱；14、柱础；15. 平槫；16. 脊槫；17. 替木；18. 橑间；19. 丁华抹颏拱；20. 蜀柱；21. 合踏；22. 平梁；23. 四椽栿；24. 劄牵；25. 乳栿；26. 顺栿串；27. 驼峰；28. 叉手、托脚；29. 副子；30. 踏；31. 象眼；32. 生头木

① 脊槫：又称脊檩，是中国古建筑的构件之一。明清之前用叉手支撑，明清之后用侏儒柱支撑。

稍低的建筑，余屋是除了上述建筑之外的次要房屋。

到清代时，建筑结构的分类方式已经发生变化。清式建筑分大式建筑与小式建筑。大式建筑一般规模较大，等级较高，构造较为复杂，做工比较精细，常带有斗拱；小式建筑一般规模较小，构造较为简单，不带斗拱。（图1-38）大式建筑通常为宫殿、坛庙、府邸、衙署、皇家园林、官修寺庙等建筑。小式建筑主要为民居、店肆等民间建筑，以及中轴线以外的辅助建筑。

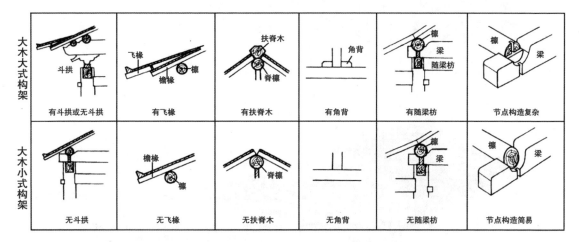

图1-38　大式建筑与小式建筑在木构架方面的若干区别

根据结构体系的不同，中国古代建筑又可分为抬梁式木构架、穿斗式木构架和井干式木构架。（图1-39、图1-40、图1-41）

抬梁式木构架是中国古代建筑木构架的主要形式。其特点是：在柱顶或柱网上的水平铺作（斗拱）层上，沿房屋进深方向架几层梁，梁的长度从下至上逐层缩短，每层梁之间垫短柱或木块，最上层梁中间立小柱或三角撑，形成三角形屋架；相邻屋架间，通过架在梁两端的檩连接，檩间架椽，形成双坡顶的房屋骨架；房屋的屋面重量通过椽、檩、梁、铺作（斗拱）、柱传到基础上。

穿斗式木构架是中国古代建筑木构架的一种形式，这种构架以柱直接承檩，没有梁。其特点是：沿房屋的进深方向按檩数立一排柱，柱上架檩，檩上布椽，屋面重量直接由檩传至柱，不用梁；每排柱子靠穿透柱身的横木（穿枋）贯穿起来，成一榀（pǐn，一个房架称一榀）构架。每两榀构架之间使用

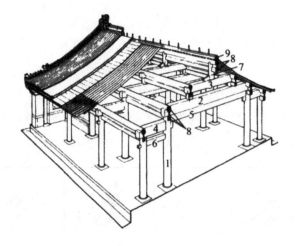

图 1-39　抬梁式木构架示意图

1. 柱子；2. 屋架梁；3. 三架梁；4. 抱头梁；
5. 随梁枋；6. 穿插枋；7. 脊瓜枋；8. 檩三件；
9. 扶脊木

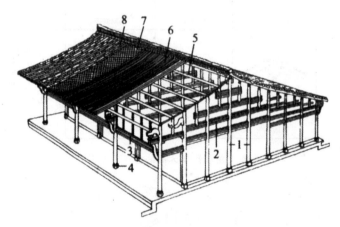

图 1-40　穿斗式木构架示意图

1. 柱子；2. 穿枋；3. 斗枋；4. 柱础；5. 檩条；
6. 椽子；7. 竹篾基层；8. 屋面瓦

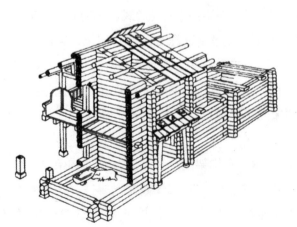

图 1-41　井干式木构架示意图

横木（斗枋）连接起来，形成一间房间的构架。

井干式木构架是一种不用立柱和梁的房屋结构。其特点是：以圆木或矩形、六角形木材平行向上层层叠置，在转角处木料端部相互咬合，形成房屋四壁，再在左右两侧壁上立矮柱承脊檩形成房屋构架。井干式构架需用大量木材，在尺度和门窗开设上受很大限制，因此通用程度不如抬梁式构架和穿斗式构架。

宋代屋面曲线计算方法

举折之制，以及"举屋""折屋"，是宋代处理屋顶坡度和屋面坡面的做法，通过确定梁架上每根槫的高度，最终形成曲面屋顶的计算方法。"举"是指步架的高度，即从屋檐最外的橑檐枋[①]至脊槫处，每一根槫由低到高的具体高度。"折"是指假如在脊槫和橑檐枋之间画一条直线，脊槫到橑檐枋之间的每一根槫都不在这条直线上，而是低于该直线。这样在槫上架椽子后，屋顶就会产生一条曲线，这条曲线从屋脊开始，越向下坡度越减缓（图1-42）。

清代屋面曲线计算方法

举架制度是清代的折屋之法，以"举高"与"步架"的比例来处理屋面曲线。先确定步架的宽度，按照固定的比例关系，从下面的檐檩向上推算，分别算出每步的举高。举架的多少根据建筑的大小、等级和檩数确定。（图1-43）

独特的过渡构件

梁思成先生曾说："中国建筑，自有史以前，即以木构架为骨干，墙壁隔肩以维护，不负担屋顶的重量。"大意是中国古代建筑的墙体不承受重量，支撑体系为屋架以及柱子。为了更好地将屋架的重量过渡到柱子上，往往会使

[①] 橑檐枋：宋代斗拱外端用以承托屋檐的枋料。荷载大，如果有圆料，则称"撩风槫"，其下用小枋料或替木托着。

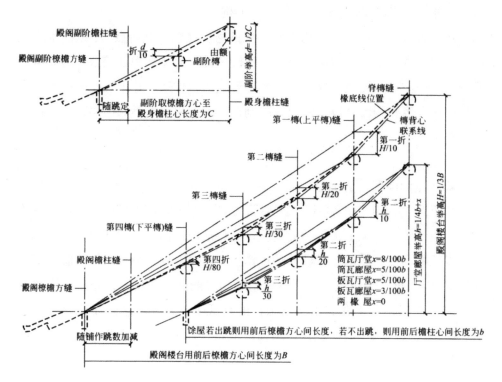

图 1-42 "举折做法"屋面曲线确定示意图

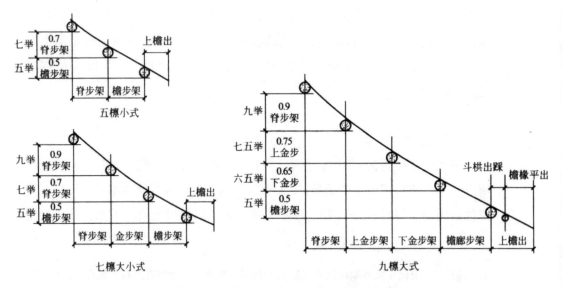

图 1-43 "举架做法"屋面曲线确定示意图

用一个过渡构件——斗拱，它是中国传统建筑独有的结构形式（图1-44）。

斗拱

斗拱主要由斗、拱、昂三种构件组成。在汉代以前，上翘的屋脊与弯曲的屋面主要作为横向的承托构件，很少过多地向外

图1-44　山西高平开化寺正殿斗拱

伸展。明确的斗拱形象最早出现在汉代墓葬品上（图1-45）。南北朝出现的"人字拱"②一直沿用到唐代，大同云冈石窟的雕刻以及敦煌莫高窟的壁画中有大量的"人字拱"形象（图1-46）。发展至宋代，斗拱一般被称为"铺作"，已经成为重要的过渡结构和建筑立面元素，形成了较为完整的体系，在用料尺寸方面出现了"模数"制度——材分㭸③（图1-47）。

图1-45　广州汉墓葬出土明器①上的斗拱雏形

图1-46　山西大同云冈石窟第2窟中心塔柱人字拱

---

① 明器：指的是古人下葬时带入地下的随葬器物，即冥器。
② 人字拱在中国现存古建筑中没有实例，只能从石窟、壁画等雕刻、图像资料中找到形象。能看到使用人字拱的建筑都是现代仿古建筑，如山西大同云冈灵岩寺建筑群。
③ 㭸：异体字，同"契"，读音同"至"。

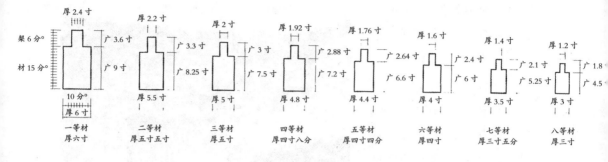

图 1-47　宋《营造法式》材分八等图示

凡构屋之制，皆以材为祖。材有八等，度屋之大小，因而用之。各以其材之广，分为十五分°，以十分°为其厚。……凡屋宇之高深，名物之长短，曲直举折之势，规矩绳墨之宜，皆以所用材之分°，以为制度焉。……栔广六分°，材上加栔者，谓之足材。[①]

材分栔是指木材的尺寸，以分°为最小单位，十五分°是一材，二十一分°是一栔。斗、拱、昂的尺寸都以分°的倍数来取，甚至柱子、梁、檩、椽等构件的尺寸也都是按照分°的大小来决定。等级越高的建筑，分°就越大，材就越大。

清代斗拱被称为"斗科"。斗拱既可置于柱子之上，也可置于柱子之间，根据位置不同，宋代称为"柱头铺作""转角铺作""补间铺作"，清代称作"柱头科""角科""平身科"。模数由"材分栔"改为"斗口"（图 1-48）。"斗

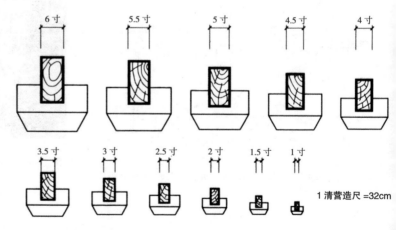

图 1-48　清代斗口制的十一等级图示

---

① 出自宋《营造法式》总释。"分°"为单位名称，读第四声（fèn）。

"口"是斗拱中最大的斗的开口尺寸,凡是带斗拱的建筑,面宽、进深、构架尺寸等都可以以"斗口"为基本单位进行确定。"斗口"相当于材分絜中"材"的宽度。用一个"斗口"代替了"材""分""絜"三级划分,以直接的数字表达,省去了换算过程,这是建筑模数制度的重要改进。

元代开始,斗拱的尺度越来越小,与屋架的连接性也逐渐减弱。发展至清代后,它的结构功能已经弱化,装饰功能占主导地位。由于砖在建筑中的普遍使用,建筑的墙体由夯土墙变为砖墙,防水性能增强,硬山屋顶也是在这种背景下产生的。屋檐的出挑不再需要像夯土墙那样长,斗拱的尺度也逐渐缩小。

陆　雕梁画栋——中国古代建筑的装饰特征

任何一个国家和地区的建筑都离不开色彩,对于中国古建筑而言,色彩更是极为重要的组成部分。中国古建对色彩的运用别具一格——用色强烈,图案丰富,使用面积大、部位多,彼此之间和谐统一,具有绚丽、活泼、极强生活气息的艺术特征。中国古建的色彩运用与建筑的性质、规模、等级有密切关系,同时也反映了时代特征、民族风格、地方特色等。

色彩的等级

清代建筑,对屋面瓦件颜色的选用有严格的规定:黄色的琉璃瓦只能用于皇家建筑(图1-49);只有皇家出资建造的寺庙才能使用黄色琉璃瓦,其余只能使用绿色琉璃瓦或青瓦(图1-50);王府建筑可以使用绿色琉璃瓦或青瓦(图1-51);祭祀建筑使用黑色琉璃瓦,天坛使用蓝色琉璃瓦(图1-52);民居建筑只能使用青瓦(图1-53)。

位于屋檐下阴影部位的梁、柱、枋、斗拱等,多选用色彩鲜明、图案丰

建构华夏

图 1-49　　　　　图 1-50　　　　　　　　图 1-51　　　　　　图 1-52　　　　　图 1-53

图 1-49　北京故宫乾清门
图 1-50　山西大同善化寺普贤阁
图 1-51　北京恭王府银安殿
图 1-52　北京天坛祈年殿
图 1-53　江西赣州龙南县关西新围

富乃至沥粉贴金①的油漆彩画，使传统建筑本身有强烈的色彩对比。不同样式的彩画以蓝色、绿色、红色为主，黄色、黑色、白色为间色，并用贴金的多少来表明建筑的等级。

建筑墙面的颜色也有严格的规定：红色多用于皇家宫殿建筑的墙面，黄色一般用于寺庙建筑的墙面，民居等建筑的墙面一般为青砖的原色或者白色抹面，徽州民居的粉墙黛瓦就是由此而来。

以上为官式以及中原地区的建筑用色取向。少数民族以及偏远地区的建筑，会根据当地的建筑材料、风俗习惯以及宗教习惯等，对色彩进行选择。藏族地区的建筑，通常为白色墙体，暗红色门窗，在檐下有红色、黑色、黄色等色彩装饰。（图 1-54）新疆地区的建筑，多以夯土建筑为主，因此当地建

---

① 沥粉贴金：传统彩画工艺，用尖端有孔的管子，装上胶和土粉合成的膏状物，按照彩画的图案描出隆起的花纹，再在上面涂胶后，粘贴金箔，以求图案的立体效果。

筑的色彩也多为建筑材料原本的颜色。（图 1-55）云南白族民居建筑，则以白色为墙体的主要颜色，在檐下装饰色彩纷呈的壁画，大门处彩画的颜色尤其丰富。（图 1-56）

图 1-54　西藏拉萨哲蚌寺　　　　图 1-55　新疆喀什古城民居　　　　图 1-56　云南大理白族民居

彩画的等级

处于檐下阴影部位的梁、柱、枋、斗拱等构建，大多在表面做油漆彩画，以蓝色、绿色、红色为主，除了起到装饰的作用，也是对木构件的一种保护措施。

根据宋《营造法式》记载，宋代的彩画做法有五彩遍装、碾玉装、青绿叠晕棱间装、解绿装、杂间装、丹粉刷饰六大类（图 1-57），分别使用于不同等级的建筑物。其中的杂间装，是一种混合做法。就是选择另五种做法中的

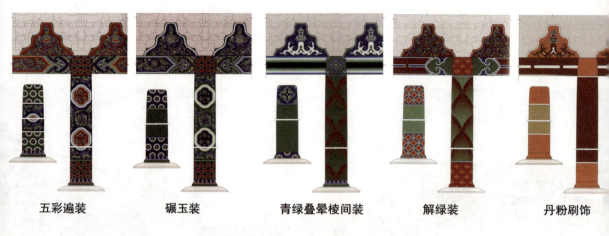

图 1-57 宋代彩画做法图示

任意两种混在一起做,没有固定样式。

清代对彩画也做了严格的等级限制。等级最高的为和玺彩画,仅用于皇家官殿、坛庙的主殿及堂、门等重要建筑(图 1-58),绘制龙、凤、西番莲纹及吉祥草纹。和玺彩画最大的特征是:其轮廓线一律用沥粉贴金做法,不用墨线。

图 1-58 北京颐和园须弥灵境檐下的和玺彩画

旋子彩画,等级仅次于和玺彩画,最大的特点是在藻头内使用了带卷涡纹的花瓣,即所谓的旋子。旋子彩画多使用在官方建筑上,如普通的官衙、寺院、城楼、牌坊及主殿阁门等（图1-59）。

图1-59　北京天坛斋宫檐下的旋子彩画

苏式彩画，是源于苏杭地区的民间传统做法，俗称"苏州片"。一般用于园林中的小型建筑，如亭、台、廊、榭以及合院住宅、垂花门的额枋①上，彩画内容比较丰富。（图1-60）

图1-60　北京颐和园万寿山回廊檐下苏式彩画

---

① 额枋：连接檐柱的横向承重构件，宋代称为"阑额"。

彩画图案的文化内涵

彩画常用的图案有数十种，用于椽头的图案有万字、栀花、井字、福字、寿字等二三十种（图1-61）。具有美好寓意、象征意义的图案也经常被用到建筑彩画之中。有以直观形象来表达的，如龙、凤、麒麟、狮子等瑞兽；有以暗喻来表现的，如佛教八宝、八仙法器等；有用动植物表达谐音文字、成语以取吉祥之意的，如五只蝙蝠意"五福临门"，蝙蝠、梅花鹿、桃子、喜鹊意"福禄寿喜"，花瓶、书案意"平平安安"等。

图1-61 清代椽头常用图案（北京故宫东华门展厅）

古建外部装饰

"凿户牖以为室，当其无，有室之用。故有之以为利，无之以为用。"[①]

中国古代建筑的木料做法分为大木作与小木作。大木作是指梁、柱、檩、斗拱等具有支撑作用的结构构件的做法。小木作是指室内外檐下的装饰装修（图1-62）。

建筑营造的是一种空

图1-62 天宫楼阁（山西晋城南村二仙庙）

---

① 出自老子《道德经》。

间，建筑室内外是空间划分的一个重要手段。这个手段更多的是用门、窗等小木作来实现。

门的种类有很多，如板门、隔扇门等。

板门：是一种最常见的门。宋朝及宋朝以前多用于宫殿、王府、寺庙等建筑群入口（图1-63）。明清开始，用于北方民居院门，如北京四合院的院门（图1-64）。

图1-63　板门（山西大同善化寺）　　图1-64　板门（北京梅兰芳纪念馆院门）

隔扇门：多用在明间，有时也用在次间和梢间。兼具窗的作用，上部的镂空部分能通风、采光，下部的木板能够遮挡视线、保持室内温度。

窗户的种类主要有槛窗、支摘窗等。

槛窗：以窗扇安装在中槛上得名，上半部和隔扇门一样，下半部是砖砌的短墙。槛窗与隔扇门通常同时使用，形式也比较统一。（图1-65）

属于外檐装饰的还有楣子、雀替、木栏杆等。

楣子：多用在廊、亭、榭等建筑中，起到分割屋檐下内外空间的作用，

图 1-65　隔扇门与槛窗（山西大同文庙）

形成了内外互通的过渡空间。（图 1-66）楣子的组成有柱子、边框、坐凳以及花牙子。

雀替：是中国传统建筑中的特殊名称，是安置于梁与柱子交接处的承托

图 1-66　楣子（北京恭王府）

构件，可以缩短梁的净跨度，同时也具有一定的装饰作用。（图 1-67）雀替是清代的叫法，宋代称为"角替"。花牙子的作用与雀替类似。

木栏杆由于材料的限制，常见于建筑外的护栏。（图 1-68）石栏杆多用于台阶或台基之上。

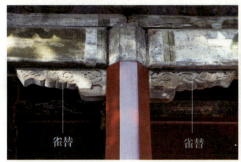

图 1-67　雀替（山东曲阜孔庙）

图 1-68　木栏杆（江西赣州慈云塔）

古建室内装修

内檐装修包括隔断、花罩、碧纱橱、博古架和天花藻井等。

隔扇门不仅可以用于室外，分割室内外空间，也可用于室内空间的划分（图 1-69），是除了屏风以外的室内隔断。

花罩是一种示意性的隔断，隔而不断。其有多种样式，如方形、圆形等，伴有精美的木雕纹样（图 1-70）。

图 1-69　隔扇门（江西赣州东升围）

图 1-70　花罩（北京故宫养心殿东暖阁）

碧纱橱与博古架用于放置物品，博古架可以作隔断使用，碧纱橱多靠墙面设置。

不用天花板，屋顶梁檩外露的做法叫作"彻上明造"，可以清楚地看到屋顶结构。将结构构件放置在通风、干燥的环境之中，有利于木材的保护，但是容易积灰，在北方也不利于保暖，因此常设置顶棚。顶棚有三种类型：天花、藻井、卷棚。平坦的平面顶棚在宋代叫作"平棊"（qí，"棋"的异体字）或"平闇"（àn，"暗"的异体字），清代称为"天花"（图1-71）；穹顶形的顶棚称为"藻井"（图1-72）；向上弯曲形成单面筒形拱的顶棚称为"卷棚"或"轩"（图1-73）。

图1-71	图1-73
图1-72	

图1-71 天花（北京故宫东华门）
图1-72 藻井（山西高平定林寺）
图1-73 轩（江西抚州驿前古镇民居"奎璧联辉"）

第二章

历史上的中国建筑

壹 茹毛饮血——远古时期的建筑
贰 建筑雏形——夏、商、周建筑
叁 秦时明月汉时关——秦、汉建筑
肆 纷争时代——三国、两晋、南北朝建筑
伍 繁华盛世——隋、唐、五代建筑
陆 再创辉煌——宋、辽、金建筑
柒 最后的盛世——元、明、清建筑

建构华夏

壹　茹毛饮血——远古时期的建筑

　　中国古代建筑经历了原始社会、奴隶社会和封建社会三个发展阶段。原始社会建筑是中国古代建筑土木结构体系发展的源头——穴居的出现和发展，用土木混合的构筑方式开启了华夏文明中的建筑文化，穴居也成为木构架建筑的主要技术渊源。在生活实践中，先民对原始建筑不断进行改造和设计，在建筑的空间组织上也获得了一定的经验。

　　中国的原始社会从约170万年前的旧石器时代开始，到公元前21世纪的夏朝建立而结束。原始社会的先民主要以穴居和巢居为主。从已经发现的考古遗迹中可以看出，黄河流域的居住形式主要为穴居，长江流域的居住形式主要为巢居。

人类曾经生活在地下

挖在地下的住宅

　　穴居盛行于原始社会母系氏族公社，大致可分为原始横穴、深袋穴、袋形半居穴、直壁半穴居、地上建筑这几个阶段（图2-1）。原始穴居是对自然穴居的简单模仿，在黄土崖壁上开挖横穴，易于操作也经济适用，现今黄土高原上的窑洞建筑可以说是由横穴不断发展而留存下来的。

穴居内别有洞天

　　横穴的开凿受到地形的限制，于是发展出深袋穴居这种新的居住形式。在地面上开口，垂直向下挖超过一人的深度，并扩大内

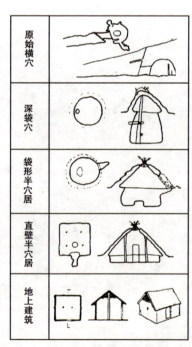

图 2-1　穴居形态示意图

部空间,架设壁柱和梯蹬,并在穴顶放置橡木,用树叶和茅草封住。后来,穴口顶部发展成为扎结的顶盖,更有利于遮风挡雨。

地下到地上的转变

随着棚架制作技术的提高,顶盖的稳定性大大增强,竖穴的深度也逐渐变浅,直壁半穴居开始出现。直壁半穴居是建筑从地下到地上的过渡。仰韶文化西安半坡遗址最直接地反映了这一转变(图2-2)。

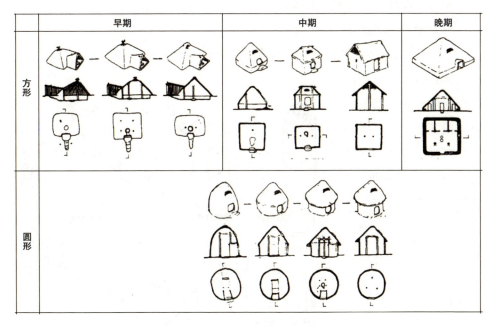

图2-2 西安半坡建筑发展序图

"鸟巢"在远古就出现了

今天我们称国家体育场为"鸟巢",其实早在远古时期,"鸟巢"的建筑形式就已经被运用到居住建筑上了。

为何以巢而居

远古长江流域的民居被称为巢居,它是中国干栏式木结构和穿斗式木结构的主要渊源。长江流域在原始社会时期为沼泽地带,气候温热湿润,这样的气候条件使得巢居成为该地区的主要民居建筑。

巢居的样式

巢居大致可分为单树巢、多树巢和干栏建筑三个发展阶段。原始巢居看起来像个大鸟巢,是在树的枝杈间用枝干等材料构筑成的一个窝。发展到后来,产生了用枝干相交构成的顶棚。为了更舒适地居住,先民在几棵相邻的树之间制造居所;但是这样的环境相对难找,于是出现人工栽立的桩柱,并在上面建造房屋。这是对建筑技术要求较高的木构架建筑结构,也使木构件由原始形态发展到人工制作形态。

榫卯最早出现的地方

榫卯是中国传统建筑中多个木材构件之间相连接的方式,也被用在家具和其他器械上。它是将两个构件需要连接的地方做成凹凸状,凸出的部分叫榫或榫头,凹进去的部分叫卯或榫眼、榫槽。榫卯最大的特点是榫和卯的连接是通过凹与凸部位的咬合,而不是使用钉子。

在浙江余姚市河姆渡母系氏族聚落中,发现了大量采用榫卯结构的干栏式长屋,表明当时的建筑技术已经比较成熟。(图2-3)

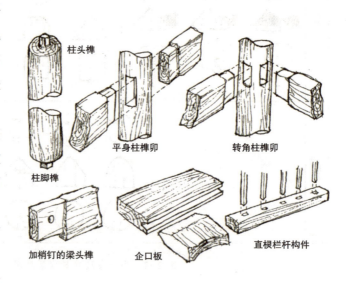

图2-3 河姆渡遗址发现的建筑构件示意图

生活方式的转变导致城市的出现

城市的雏形

原始社会的人民由于生产和生活的限制,采用了群居的生活方式,也就产生了多座建筑组合而成的聚落。这些聚落在建造之前对于选址、布局、分区和防御等都做了规划,这在已发现的母系氏族聚落的遗址中已经得到了证实。这些聚落成为城市的雏形。

最早的城市

父系氏族社会的中后期，中国最早的城市出现。相较于母系氏族时期的居住建筑，此时建筑的用料、结构、室内空间布局等都有了新的变化，室内开始出现白灰面墙面，也开始有小房间出现。人们以家庭的形式居住起居，聚落由若干家庭组成；私有制和集权也开始出现；伴随而来的是以掠夺为目的的战争。出于对安全的需要，人们开始在聚落周围筑城，原始的城市也由此产生。（图2-4）

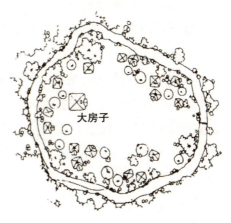

图2-4 西安半坡聚落遗址示意图

贰 建筑雏形——夏、商、周建筑

城市最初的布局

距今约4000年前，夏朝作为中国第一个朝代出现，标志着中国进入奴隶社会，到战国时，奴隶制在中国统治了1600多年。夏、商、周三代，中国的中心在黄河中下游地区，继承穴居和干栏的营造经验，夯土技术在这一时期得到了大力发展。从夏商都城到东周列国都城的遗址中，可以看出中国城市早期的两种形态——"择中型"布局和"因势态"布局。

初见端倪的特征

夏商周时期是中国古代建筑木构架体系的奠定期。夯土技术基本成熟，木构榫卯已经十分精巧，梁柱构架已在柱子之间使用阑额，柱子上面出现斗。群组建筑的庭院空间布局已经形成，既有廊院又有合院。中国古代建筑的木

47

构架体系的许多特点,在这个时期已经初见端倪。

日趋成熟的木结构

这一时期的社会分工已经比较明确,手工业有所发展,建筑技术也有了很大的进步。

木构架成为建筑的主要结构形式。建筑的主要轴线大约为北偏西8°,这种朝向可以令黄河流域的建筑在冬季获得最充分的日照,也说明当时的测定方位技术已经很成熟。原始社会已经开始用夯土的方法筑城和砌墙,到了商朝,夯土法被广泛用于建筑的基础、墓坑回填等。一些夯土墙外面还用土坯砖上下错缝砌筑。

最初的宫室宫殿

河南偃师二里头的1号宫殿遗址,是夏朝晚期的宫殿遗址,也是至今发现最早的宫殿遗址。(图2-5)

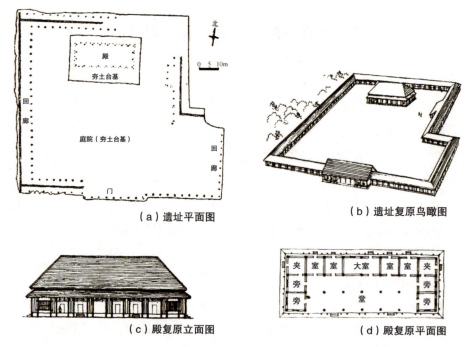

(a)遗址平面图　　(b)遗址复原鸟瞰图

(c)殿复原立面图　　(d)殿复原平面图

图2-5　偃师二里头1号宫殿遗址复原图(杨鸿勋复原)

二里头遗址的庭院规模已经接近 1 万平方米，主殿是面积为 300 平方米的大型木结构宫殿建筑。《周礼·考工记·匠人》中记载："夏后氏世室，堂修二七（面宽 14 尺），广四修一（进深为面宽的 1/4）。五室，三四步，四三尺。九阶（四面共 9 个台阶）。四旁两夹窗（堂室两边有四旁室、两夹室，两窗），门堂三之二（堂占面宽 2/3）。室三之一（室占面宽 1/3）。"根据此记载，杨鸿勋先生将其复原一堂、五室、四旁、两夹的平面格局。这种"前堂后室"的空间划分也正是早期宫室建筑的礼制之始。

从现存的遗址可以看出，中国古代初期的大型建筑采用的是土木结合的"茅茨土阶"[①]的构筑方式，单体建筑中已经采用"前堂后室"的空间划分，以廊庑[②]围合中心建筑，建筑群呈现庭院式格局，庭院构成突出"门"和"堂"。这种离散式的布局方式扩大了建筑组群的规模，可以不用大的建筑构筑物组成庞大的建筑群。

西周"瓦屋"

在已发掘的夏商时期的遗址中，并没有发现瓦的存在。已知最早用瓦的建筑遗址是陕西凤雏村西周宫室建筑遗址（图 2-6）。整组建筑建在 1.3 米的夯土台上，是一座两进院落的住宅。它也是迄今发现最早的四合院，一个中轴线完全对称的建筑群，还是第一个使用"屏"的建筑。屏也就是后来的影壁[③]。

沿中轴线布置有影壁、大门、前堂、后室，前堂与后室之间有连廊连接，两侧有厢房和廊庑环绕，构成四合院的基本框架。前堂是主体建筑，其前有中庭，通过三列台阶登堂，左右各有台阶可以登上东西回廊（图 2-6 中厢房前的长条）。此建筑依然沿用了"前朝后寝"的布局形式。

---

① 茅茨土阶：是中国古代的一种建筑构造形式。茅茨，指用茅草做的屋顶，古代人们还不会用木材建造房屋的时候就用茅草堆砌成屋顶。土阶，指把素土夯实了形成高高的、方方的高台，然后把建筑建造在上面。
② 廊庑：《汉书·窦婴传》解释为"廊，堂下周屋也。庑，门屋也"，即堂下四周的廊屋。廊无壁，仅作通道；庑有壁，可以住人。
③ 影壁：也称"照壁"，古称"萧墙"，是中国传统建筑中用于遮挡视线的墙壁，也具有一定的装饰性。

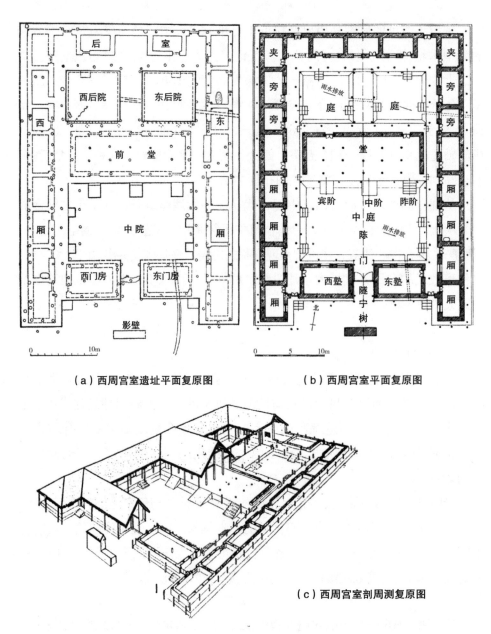

(a)西周宫室遗址平面复原图　　(b)西周宫室平面复原图

(c)西周宫室剖周测复原图

图2-6　陕西凤雏村西周宫室建筑复原设想图

凤雏村西周宫室建筑是发现最早使用瓦件的建筑，这也标志着中国古代建筑已经突破"茅茨土阶"的状态，开始向"瓦屋"过渡。这个遗址可以说在中国古代建筑史上具有里程碑意义。

台榭建筑

夯土台夏代出现，至西周发展成熟，春秋战国时期掀起"高台榭、美宫室"的建筑潮流。台榭建筑是在阶梯状的夯土台上逐层建造木构房屋。在出土的战国铜匜（yí）[①]上刻有台榭的图像——三层建筑，底层为土台，外接木构外廊，二、三层也是木构，均有回廊，并挑出平台伸出屋檐。（图 2-7）

（a）故宫博物院藏战国铜器残片　　（b）上海博物馆藏战国刻纹宴乐画像铜杯

图 2-7　战国铜匜上的台榭建筑图像

台榭建筑是大体量的夯土台与小体量的木构廊屋的结合体，是满足防御需求和审美需求的产物。建夯土台工作量大且繁重，土台本身占据的空间也较大，随着建筑技术进步和奴隶制度消亡，台榭建筑在汉代以后逐渐消失。

匠人营国——城市规划制度

"鲧筑城以卫君，造郭以守民，此城郭之始也。[②]"

奴隶社会的城市性质有别于原始社会，城市主要用于保护君主以及看守国人。周代的城市按照等级可以分为周王都城、诸侯都城和宗室都邑。这些城市在政治功能上的划分不同，在城市面积和设施上也有很大的区别。但是这些城市都拥有完整的建制以及明确的职能组成。

战国初期的《周礼·考工记·匠人》中对周王城做了这样的记载："匠

[①] 匜：古代盥洗时用来注水的器具，出现在西周中晚期。
[②] 出自《吴越春秋》。

人营国，方九里，旁三门。国中九经九纬，经涂九轨。左祖右社，面朝后市。市朝一夫①。"文中规定了都城的平面为方形，分为内城与城郭两部分，内城居中为宫城，外城为民居，四面各开三座城门，城内纵横各九条街道。皇宫左侧为宗庙，右侧为社稷。宫殿前是群臣朝拜的地方，后面是集市。市场和朝拜处各占边长百步见方的土地。（图2-8）可见当时城市规划与建设已经达到了很高的水平，这种方格网式的城市布局在历代都城中皆可看到，如隋唐的长安城、明清的北京城等都是这种建城布局。

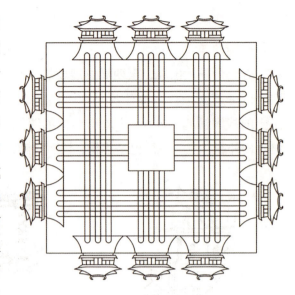

图2-8 《三礼图》中的周王城图示

叁 秦时明月汉时关——秦、汉建筑

疯狂建设

公元前221年，秦王嬴政灭六国，建立了中国古代第一个统一的国家。秦朝虽然只有15年的历史，但是统一了度量衡、律令、车轨和文字等，并在咸阳大兴土木，使各个地方的建筑样式和建筑技术得到融合，相互促进发展。秦集中全国的人力物力修驰道、建长城、造宫苑，建造规模空前宏大。从遗留至今的阿房宫遗址可以想见当年建筑的恢宏气势。（图2-9）

---

① 一夫：是指一夫之地。夫就是农夫，一个农夫有边长百步见方的耕地。

城市新格局

汉代（前206—220）分为西汉、东汉两个时期，是中国古代第二个中央集权的帝国。由于手工业和商业的发展，汉代出现了不少新兴城市。手工业城市如生产盐的临邛、生产刺绣的襄邑、生产漆器的广汉、生产铁的宛等。也有非常著名的商业城市，如洛阳、临淄、邯郸、江陵等。西汉建都长安城（图2-10），面积达36平方千米，是公元前世界罕见的大都市。东汉末年建成的曹魏邺城（图2-11），以明确的功能严整布局，开创了都城规划的新格局。

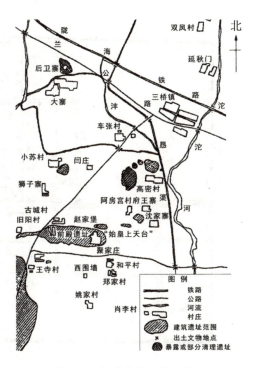

图2-9 阿房宫遗址位置图

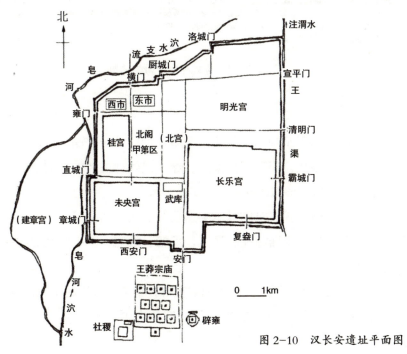

图2-10 汉长安遗址平面图

建构华夏

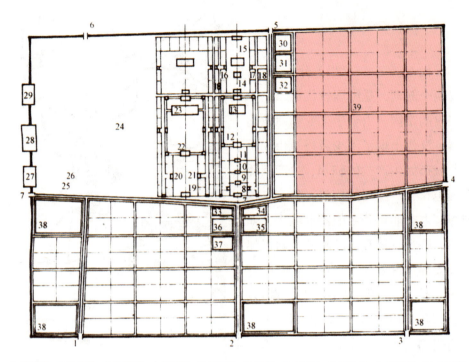

1.凤阳门；2.中阳门；3.广阳门；4.建春门；5.广德门；6.厩门；7.金明门；8.司马门；9.显阳门；10.宣明门；11.升贤门；12.听政殿门；13.听政殿；14.温室；15.鸣鹤堂；16.木兰坊；17.楸梓坊；18.次舍；19.南止车门；20.延秋门；21.长春门；22.端门；23.文昌殿；24.铜爵园；25.乘黄厩；26.白藏库；27.金虎台；28.铜爵台；29.冰井台；30.大理寺；31.宫内大社；32.郎中令府；33.相国府；34.奉常寺；35.大农寺；36.御史大夫府；37.少府卿寺；38.军营；39.戚里

图 2-11　曹魏邺城平面复原图

第一个建筑高潮

秦汉时期出现了中国古代建筑发展史上的第一个高潮，木构架建筑在这一时期开始体系化，出现了抬梁式、穿斗式两种主要木构架形式，斗拱的悬挑功能迅速发展，形式多样。

此时，中国古代建筑的基本类型已经形成，如宫殿、陵墓、苑囿等皇家建筑，明堂辟雍、宗庙等礼制建筑，坞壁、第宅、中小住宅等居住建筑，以及佛寺建筑。

这一时期开始出现规模庞大的建筑群，单体建筑兴起了重楼样式。

可以从以下几个方面看出秦汉时期是中国历史上第一次有秩序的建设时期。

两千年前的基础设施

秦朝除了继续修建长城以外，还开展了一项巨大的工程，就是具有军事性质的基础设施——驰道。驰道相当于今天的国道，主要连接那些在经济、军事、交通上有重要地位的中心城市，或通往名山大川以及皇家别苑。秦代的驰道可以说是四通八达的，不仅解决了各地区之间的交通问题，同时也促进了全国的经济发展。

秦还修筑了许多大型的水利工程，这些水利工程的修建是与秦兼并六国同时进行的。其中，郑国渠是当时规模最大的水利工程，主要用于灌溉农田。（图2-12）

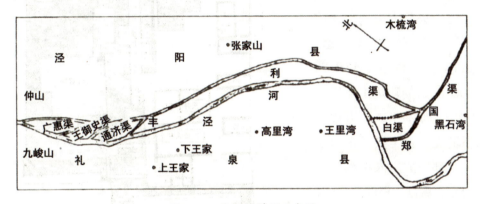

图2-12　郑国渠灌区示意图

陶管在西周已经被用于排水。在秦代，陶制品有了进一步的发展，出现了一头大一头小的陶管，有利于管道的相互套接；也出现了陶制的弯头，使管道铺设更为便利。同时陶制品也大量用于陵墓陪葬，如著名的秦始皇陵兵马俑（图2-13）。

图2-13　西安秦始皇陵兵马俑1号坑

长乐未央，皇家气派

秦统一各国后，在其都城咸阳大兴土木建设，兴建了数量众多的新宫。阿房宫遗址仅存长方形的夯土台与秦朝的瓦件，但是其占地面积约与明清紫禁城同大。《史记·秦始皇本纪》中记载："前殿阿房东西五百步，南北五十丈，上可以坐万人，下可以建五丈旗……"由此可以想见阿房宫的宏大与壮丽。

皇家建筑向来是权力与财富的象征，汉代的宫廷建筑也不例外。西汉长安未央宫由萧何（约前257—前193）主持建造，始建于汉高祖七年（前200）。它的建筑主体历经9年时间才完成，历代不断增建，直至汉武帝时期才全部完成。未央宫包含前殿、后宫、楼阁、池台，以及种类繁多的附属建筑，可见其规模之大，院落之多。未央宫是西汉时期的政治中心，也是皇帝的居住之所。（图2-14）

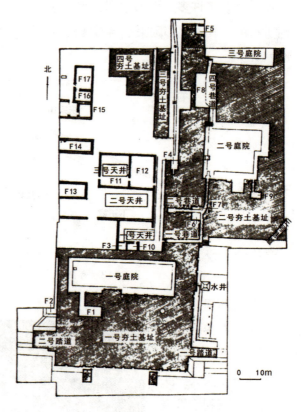

图2-14 西汉长安未央宫2号建筑遗址平面示意图

汉代的离宫苑囿建设也很发达，西汉时期最有代表性的苑囿上林苑，是秦代的遗存，后经过发展和扩建，成为西汉时期的第一大苑。建章宫为上林苑中的离宫，宫中建筑多为高层，有河流、山冈，以及太液池，池中有蓬莱、瀛洲、方丈三座小岛，形成了"一池三山"（参见P71图2-30）的布局，是皇家园林中的典型布局。

最初的礼制建筑

明堂辟雍是古代皇帝明正教、宣教化的场所。建筑规制较高,是重要的礼制建筑之一,从等级上看,属于皇家建筑。东汉光武帝时期建造的明堂辟雍与王莽九庙东西相对,遗址平面由圆形和方形嵌套而成,中心台榭建筑应该坐落在圆形太极上,四周由方形围墙围合,四角建造曲尺形配房,各面向庭院开门,环形水渠环绕外墙。(图2-15)汉明堂辟雍是一组典型的中心对称的台榭建筑,非常难得。东汉以后,台榭建筑逐渐没落,楼阁建筑开始兴起。

(a)组群鸟瞰图

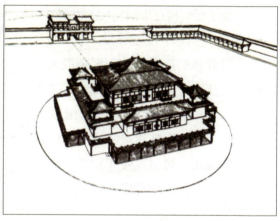
(b)中心建筑鸟瞰图

图2-15 汉长安明堂辟雍建筑遗址复原图(王世仁复原)

事死如事生

秦始皇陵是中国历史上第一个皇帝的陵园,位于陕西临潼骊山北麓,渭水南岸的平原上。陵园平面为长方形,有两重夯土垣墙①。陵园的东边有秦始皇诸公子、公主的殉葬墓,还有埋置陶俑、陶马的葬坑群,以及模拟军阵送葬的兵马俑坑。(图2-16)

空心砖墓是西汉时期盛行的一种陵墓形式,可以解决木椁的防腐和耐压等问题。这种陵墓形式经历了平置板梁式、斜撑板梁式、折线楔形式的演变

---

① 垣墙:围墙,院墙。

过程。在东汉时期，墓室出现了穹窿顶小砖墓和叠涩顶小砖墓（参见 P3 图 1-1）。可见，在两汉时期中国古代砖结构有了迅速发展。但是当时地面建筑已经使用了土木结构，导致砖结构长期使用于地下墓室，并在民众的心中形成了砖拱与墓冢的联系，这限制了砖结构在中国古代的发展。

西汉有 11 座帝陵（图 2-17），汉武帝的茂陵是其中规模最大的一座，位于陕西兴平市东 12 千米处。汉武帝曾动用全国赋税的 1/3 作为其建造陵寝和随葬品的费用，可见茂陵工程之巨大华丽。茂陵的西北侧为汉武帝宠妃

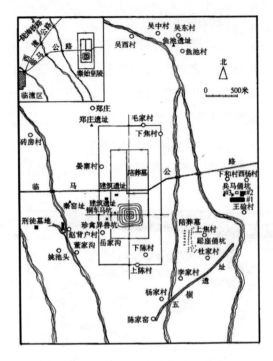

图 2-16　秦始皇陵总平面示意图

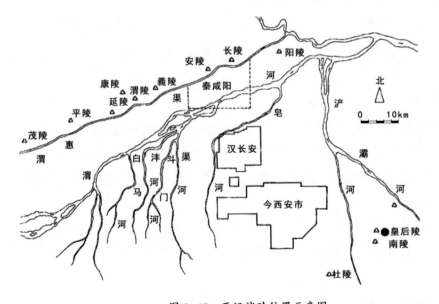

图 2-17　西汉诸陵位置示意图

李夫人的英陵，东侧为霍去病、卫青等人的12座陪葬墓，形成庞大的墓葬群。

古代的民居模型

汉代的住宅等级不同，名称也不同，列侯诸公居"第"，平民百姓住"舍"。这一时期的居住建筑可以从墓葬出土的明器与画像砖中一窥原貌。

广州出土的汉墓明器，生动地反映出汉代中小型宅舍的建筑形式，平面有曲尺式、三合式、日字式、干栏式等。（图2-18）从明器的山墙面上也可以清楚地看出梁架结构。

在已出土的东汉墓葬明器中，有一定数量的陶楼（图2-19），做法不一。有的在层间设置腰檐；有的在腰檐上设置平坐①，平坐边设勾栏；有的只设置平坐不施腰檐。

图2-18　广州汉墓明器图示

图2-19　东汉陶楼明器图示

---

① 平坐：高台或楼阁的某一层用斗拱等支撑结构挑出，用于登临眺望的平台，四周有栏杆。

建构华夏

肆　纷争时代——三国、两晋、南北朝建筑

大融合时代

从东汉灭亡（220）至隋建立（581），中国经历了300多年的动荡局面。这期间朝代更替频繁，魏、蜀、吴三国鼎立，两晋与十六国分裂，宋、齐、梁、陈与北魏、东魏、西魏、北齐、北周对峙。这种南北分裂的环境，会对建筑的发展造成一定程度的破坏，使其衰退，但也促进了各民族、各地区、多种建筑文化之间的大融合。

他乡的印记

由于晋朝南迁，东南地区城市建设和建筑活动崛起。虽然南朝建筑现在已经没有遗存，但是，从日本法隆寺五重塔等建筑可以推测出南朝木构建筑技术已经比北朝先进很多。五重塔始建于607年，于670年遭遇大火后又重建，建筑样式与我国隋唐时期的建筑极为相似，结构十分成熟。可见，在中日文化的交流中，中国传统建筑的样式和建造技法，已经流传至日本，日本将之吸收，运用于本国的建设之中。虽然南朝建筑在中国只能从史料和古画中看到，但从邻国现存的历史建筑中，依然能够看到中国传统建筑的早期形象。

佛教建筑的初现

佛教在西汉末年进入中原，在佛教的影响下，佛寺、佛塔、石窟寺等建筑高潮迭起。

文人园林的兴建

士族阶级在这一时期兴起，推动了文人园林的发展，同时寺庙园林也开始出现。因此，这一时期出现了皇家园林与私家园林并立的格局。

生活方式转变引起的空间变化

这一时期，民众的生活习惯由"席地"转向"胡坐"，家具从适应席地而坐的矮足型向适应垂足而坐的高足型转变，由此引发了中国古代建筑室内空间和室内景观的转变。

十三朝古都的前半生

洛阳是西晋的都城,是按照曹魏邺城的规模和制式建造的。北魏洛阳是在西晋洛阳的废墟上重建的。(图2-20)遗址显示,北魏洛阳城由外郭、内城、宫城三城相套组成。内城为东汉、西晋旧城,外郭为北魏时建造。内城位于外郭中轴线上,北部有工程和苑囿,南部有官署、庙社等建筑。居住区大部分在外郭,城西为"洛阳大市",城东为"洛阳小市",南郊有外商云集的"四

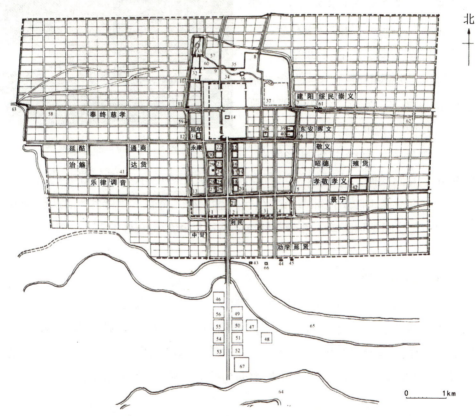

1.津阳门;2.宣阳门;3.昌平门;4.开阳门;5.青阳门;6.东阳门;7.建春门;8.广莫门;9.大夏门;10.承明门;11.阊阖门;12.西阳门;13.西明门;14.宫城;15.左卫府;16.司徒府;17.国子学;18.宗正寺;19.景乐寺;20.太庙;21.护军府;22.右卫府;23.太府寺;24.将作曹;25.九级府;26.太社;27.胡统寺;28.昭玄曹;29.永宁寺;30.御史台;31.武库;32.金墉城;33.洛阳小城;34.华林园;35.曹魏景阳山;36.听讼观;37.东宫预留地;38.司空府;39.太仓;40.太仓署;41.洛阳大市;42.洛阳小市;43.东汉灵台址;44.东汉辟雍址;45.东汉太学址;46.四通市;47.白象坊;48.狮子坊;49.金陵馆;50.燕然馆;51.扶桑馆;52.崦嵫馆;53.慕义里;54.慕化里;55.归德里;56.归正里;57.阅武场;58.寿丘里;59.阳渠水;60.穀水;61.东石桥;62.七里桥;63.长分桥;64.伊水;65.洛河;66.东汉明堂址;67.圜丘

图 2-20 北魏洛阳城平面复原图

建构华夏

通市"。北魏洛阳城继承了曹魏邺城的建造风格，正式完成了三套城的格局，对隋唐长安城和洛阳城有着很大的影响。

陵墓前的路标

在汉代的遗存建筑小品①中，石阙②常见于陵墓前面（图2-21）。南朝帝王的陵墓、神道③两侧常设石雕，常规的布置是石兽、石柱（即墓表④）、石碑等，是陵墓前的标志、路标。南朝墓表尚存10余座，南京梁萧景墓表最为典型。下部为方形底座，四面雕刻人物异兽，方座上有圆形鼓盘，柱身介于方圆之间，上部略微向内收，正面先用方石承石板，石板上刻墓主人的职位官衔等。柱子顶部覆有莲花状圆盘，盘上蹲坐一个辟邪⑤。从柱身的凹槽和莲花状圆盘到蹲兽，都带着印度阿育王柱和希腊石柱的痕迹（图2-22）。

图2-21　四川雅安高颐阙

佛寺的最初形态

佛教大约在西汉后期经西域传入中原，据已知文献记载，中国古代最早的佛寺为东汉永平十年（67）建造的洛阳白马寺。经三国到两晋、南北朝，佛寺和佛塔的建造已经十分普及。佛寺建筑形态可以是组成寺院的建筑，也可以是寺院的总体布局。以南北朝中期为分界，将古代中国佛寺形态分为两

---

① 建筑小品：既有功能要求，又具有点缀、装饰和美化作用，是对从属于某一建筑空间环境的小体量建筑、游憩观赏设施和指示性标志物等的统称。
② 阙：中国古建筑的一种特殊类型，一般有台基、阙身、屋顶三部分，有装饰、瞭望等作用。通常立于王宫、大型坛庙、陵墓、城门和古时的国门等处。
③ 神道：进出陵区的主要通道。
④ 墓表：墓碑。
⑤ 辟邪：中国神话传说中的一种神兽。

个发展阶段。前一个阶段为佛教传入中国以后，逐渐被社会接受的过程——佛寺形态的发展主要是寺院功能的扩张与完善；后一阶段处于南北朝后期至隋唐，是佛教进一步深入中国社会，形成中国佛教体系的过程——佛寺形态的发展表现为传统的建筑布局结合外来佛寺建筑文化，逐渐形成与本土城市、宫殿、宅邸等具有相同规划原则的中国寺院总体布局形式。

建筑的组合方式

中国幅员辽阔，从总的趋势上看，这一时期的佛寺形态是向着汉化的方向发展，但各个地区的情形不尽相同。然而任何一种佛寺布局或者建筑形式的流行与消亡，都是经历了相当长的时期，同时也与其他形式交错并存。根据文献记载，此时期出现过的佛寺形式有立塔为寺、堂塔并立、建立精舍、舍宅为寺等。（图2-23）

图2-22　南京梁萧景墓表

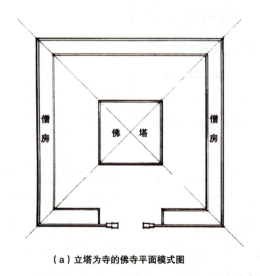
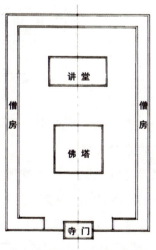

（a）立塔为寺的佛寺平面模式图　　　（b）堂塔并立的佛寺平面模式图

图2-23　佛寺形式示意图

高僧的坟墓

佛塔最初是高僧舍利的存放之处，在外观上可以分为基座、塔身、塔顶三部分。只是在各个部分的比例、样式，以及组合形式上有所改变。这种变化，通常受到不同时期外来佛教艺术的影响和本土建筑形式的限定，与塔的功能和结构方式没有直接关联。现存关于南北朝佛塔的资料和实物，除石刻、壁画外，还有考古发掘的北魏洛阳永宁寺九层佛塔的遗址（图2-24），以及北魏嵩山闲居寺（即嵩岳寺）十五层密檐砖塔（参见P209 图4-35）。

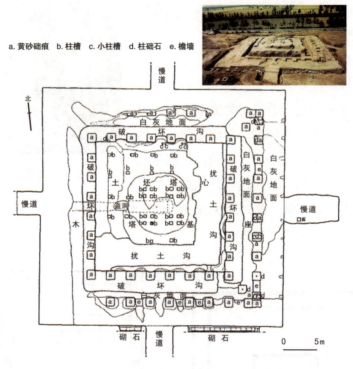

a. 黄砂础痕　b. 柱槽　c. 小柱槽　d. 柱础石　e. 檐墙

图 2-24　北魏洛阳永宁寺塔遗址平面图

特殊的修行之所

石窟寺是佛寺的一种特殊形式。通常建造在临河的山崖、台地或河谷等相对幽闭清净之地，凿窟造像，是僧人聚居修行之所。据文献记载，中国最早开凿石窟寺是在丝绸之路北道沿线以及河西走廊一带，包括龟兹、焉耆（yān qí）诸国和十六国中的西秦、后秦、北凉等地，现存有拜城克孜尔石窟、敦煌莫高窟等。当时开凿石窟多为僧人禅修、统治者祈福的一种方式。

北魏统一中国北部后，都城平城（今山西大同）成为北方佛教中心，出现了规模空前的皇家石窟群，如云冈石窟（图2-25）、龙门石窟等。

图 2-25　大同云冈石窟第 20 窟

影响石窟发展的因素诸多，其中，上层统治者的意志往往起决定性作用。另外，同地面佛寺相同，石窟寺的发展与佛教的传播和修行方式有很大的关系。北方僧人注重集体聚居、坐窟修禅的做法，这与北方统治者喜好开窟造像的功德方式相适应。南方僧人重视禅修，但对坐禅环境并无特殊要求，这也许是石窟寺多集中于北方的原因。

伍　繁华盛世——隋、唐、五代建筑

建筑成熟期

隋唐时期是中国封建社会的鼎盛时期。这一时期的建筑继承了两汉建筑的特征，又融合了外来建筑风格，形成了一个完整体系，使中国古代建筑继两汉时期的第一个高潮后，达到了又一个建设高潮，进入成熟期。在五代十国（907—960）的混战时期，建筑发展普遍处于停滞状态，建筑风格以唐代为主。

隋唐时期的木结构体系已经趋于成熟，建筑呈现以下几个显著特点。

（1）建造了世界古代史上规模最大的城市——隋唐长安城，其面积相当于明清紫禁城的6倍。

（2）从总体布局到建筑单体都呈现了有机的联系。加强了城市的总体规划——里坊制；建筑群体突出主题建筑；陵墓建筑强调神道前导空间；推进了园林中建筑与环境的交融。

（3）木构架技术进入成熟阶段。木构件形式与用料已呈现规格化现象，斗拱的结构作用充分发挥，建筑技术分工与技术管理有了很大的进步。

（4）砖石建筑有了进一步发展，出现了仿造木结构体系的砖石塔。

（5）对日本、朝鲜半岛等东亚国家和地区产生了不少影响。

从隋大兴到唐长安

隋唐是中国古代城市建设大发展的时期。隋唐城市大都采用里坊式布置，也就是里坊制。里坊是城市的基本单元，城的规模以坊的数量而定，有1坊、4坊、9坊、16坊、25坊的极差，最大的长安城有108坊，洛阳城是个特例，有113坊。隋唐城市一般将外城称为郭，郭内建子城，为衙署集中之地，也包括仓储、军资和驻军。子城以外划分为若干方形或矩形的居住区，外面用坊墙封闭，称坊或里。又取一个至数个坊组成封闭的市。

在排列整齐的坊市之间形成方格网街道，这是隋唐城市的一大特点。

里坊制城市的另一个特点是夜间禁止居民外出，近似于军事管制城市。盛唐以后，南方经济飞速发展，商业繁荣的城市先后出现夜市，突破了夜禁的限制，成为宋以后解散里坊实行开放的街巷布局之滥觞。

隋代建立了3个都城，即大兴城（582年建）、东都（605年建）、江城（605—610年建）。唐改大兴为长安，改东都为洛阳（后来又恢复"东都"称号），洛阳与长安并称"京都"或"两京"。

581年，杨坚取得政权，建立隋朝，为隋文帝。开皇二年（582）因都邑残破，不宜居住，再加上宫室朽败，不合体制，便决定放弃汉长安城，在其东南方向的龙首原①建造新的都城（图2-26）。由重臣高颎（jiǒng，明亮的意思）主持，将作大臣②刘龙和太子左庶子③宇文凯负责具体规划、设计、施工。开皇二年（582）六月动工，开皇三年（583）三月宫城竣工，正式迁都。因为隋文帝在北周时期被封为大兴公，因此新都城称大兴城，宫城称大兴宫，主殿称大兴殿。据史料记载，大兴城的宫室、宗庙、官署等主要用材从汉长安的旧宫殿、坛庙、官署拆迁而来。

唐朝建立后，沿用隋朝的都城、宫殿，改大兴城为长安城，改大兴殿为太极殿。唐高宗龙朔三年（663）在北城外偏东的位置建造大明宫，作为听政之处，因为它在旧宫的东北，称为"东内"，旧宫称为"西内"。唐玄

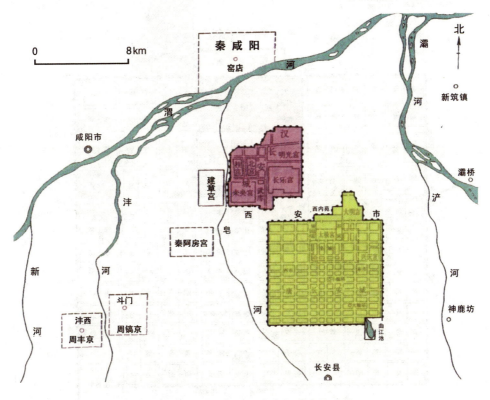

图2-26 周、秦汉、隋唐长安城位置图

---

① 龙首原：地名，现位于西安市龙首村未央区、新城区和莲湖区三区交界处。
② 将作大臣：古代官名，掌管宫室修建之官。
③ 太子左庶子：古代官名，太子的辅佐官。

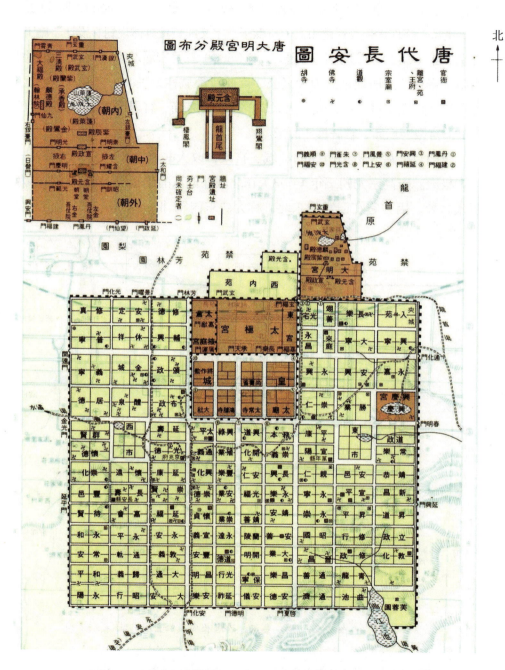

图 2-27 唐长安城平面复原图（《中国历史地图》1984 年）

宗开元二年（714），将长安最东北一坊划入禁苑，建造王子们的住宅"十六宅"。唐开元二年（714）把其旧居所在的兴庆坊全坊建为兴庆宫，又称"南内"。除此之外，唐长安城基本上保持了隋大兴城的规划，没有做重大的改动（图2-27）。

从封土为墓到依山为陵

三国至南北朝时期，多方割据，战争频繁，帝王和贵族官吏虽建造了大量的陵墓，但工艺程度与两汉时期相去甚远。隋唐时期全国统一，经济发达，国势强盛，陵墓的豪华程度远胜南北朝。

隋唐初期的帝陵，沿用了北朝旧制。隋文帝太陵、唐高祖献陵都是选平地深葬，夯筑陵山。自唐太宗起，择山为陵，成为唐代帝王陵寝的主流形式。在唐代的18座陵寝中，有14座是以山为陵。乾陵（图2-28）更是在选址和利用地形上取得了很大成就。

大臣和庶民的陵墓是在北朝末期陵墓制度的基础上发展而来的，平地深葬，上加封土，砖砌墓室，前面有长羡道①。这种墓室内通常绘有壁画，壁画的内容大多是表现墓主人生前的居所。

唐代的墓室分为陵墓和寝宫两部分。陵即坟墓，有隧道通向埋葬尸骨的墓室。陵外有两重墙，内墙包在陵丘或

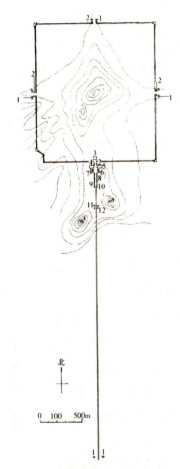

1. 阙；2. 石狮一对；3. 献殿遗址；4. 石人一对；
5. 蕃酋像；6. 无字碑；7. 述圣记碑；8. 石人十对；
9. 石马一对；10. 朱雀一对；11. 天马一对；12. 华表一对

图2-28　唐乾陵总平面示意图

---

① 羡道：墓道，通入墓穴的路。

山峰四周，形成一个方形，每面开一门，依东西南北方位命名为青龙、白虎、朱雀、玄武。门外有阙及一对石狮，玄武门外还有一对石马。献殿及祭祀之处在朱雀门内，殿后即为陵丘。朱雀门外向南为长达数里的神道，神道两侧分设土阙、石柱、翼马、石马、碑、石人等。寝宫一般在陵墓的西南方向5里左右，是一组宫殿，按照生人宫室制度建造朝和寝，有环廊以及巷道。寝宫内设置神座，并有宫人侍奉，按照"事死如事生"的制度，每天要备衣物、盥洗用品、食物，以及节日供品和祭品。

除内墙外，唐陵还有一重外墙，墙上开门，在元代李好文的《长安志图》中，昭陵图和乾陵图上都绘有二重墙，这应该是唐代陵墓的通用制式。在外墙外还有一圈界标，植柏树而立封，称柏城，封内就是陵域。一般陪陵只能在柏城之外的封域内，也只有帝王的子女如太子、诸王、公主才能在柏城内陪葬。

现存的唐代帝陵中，保存较为完整且经过初步勘察的陵墓有太宗昭陵、高宗乾陵、睿宗桥陵、肃宗建陵，都是以山为陵。

皇家苑囿与文人园林并行

园林的发展与经济和文化有着密不可分的联系，隋唐时期经济发达，文化昌盛，成为中国园林发展的一个重要阶段。不仅帝王宫苑的兴建极盛，文人私家园林的建设也日趋频繁，连郊外景观建设也有了明显发展。

隋唐两代皇室在都城修建了大量皇家苑囿，面积最大的是东都洛阳的西苑和西京大兴（长安）的禁苑（图2-29），面积相当于洛阳和长安皇城的数

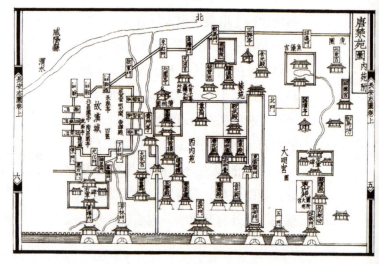

图 2-29 《长安志图》中的唐禁苑平面图

倍。苑中建有大量宫殿，也有猎场和生产用地，既有专供游赏之所，也有专供避暑洗沐之地。苑囿的景观设计基本也遵循了"一池三山"的皇家园林传统，这一点从现存的唐代园林遗址中可以考证（图2-30）。

隋唐实行科举制度后，大量文人寒窗苦读，入仕为官，这些文人的生活经历和审美趣味与贵族和世家不同，在园林建造上，更注重对园池的赏鉴，为造园艺术丰富了文化内涵。如王维的辋川别业、白居易的庐山草堂等，都极具诗意，以诗情画意为重点特征。由于唐代园林并没有保存下来，我们只能从时人的诗文中领悟园林的精美。如白居易《临池闲卧》中的"小竹围庭匝，平池与砌连"，《早春忆游思黯南庄》中的"美景难忘竹廊下，好风争奈柳桥头"，都是对园林以及建筑的描述。此外，还可以在隋唐时期的壁画中找到当时园林的景象，如敦煌莫高窟中，就有许多描绘当时园林的壁画（图2-31）。

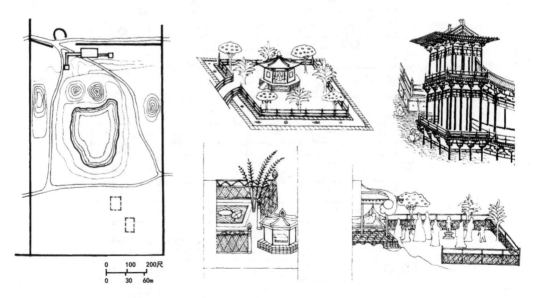

图2-30 唐渤海国上京禁苑遗址示意图　　图2-31 敦煌莫高窟壁画中的园林景象

隋唐园林的规模从早期的大型化向后期的小型化转变，造园由自然天成的质朴、淡雅趋向于对诗情画意的追求，也更加精致化。

佛国盛世

佛教的本土化

北朝末期,境内佛寺遭到周武帝灭法后所剩不多。隋文帝统一中原后,开始了全国性的佛教复兴活动,并延续至唐。隋唐时期是中国佛教发展的重要时期,形成发展了多个饱含中国本土特色的汉传佛教宗派,如天台宗、法相宗、华严宗、净土宗、禅宗、密宗等,与此同时,寺庙也遍布全国各地,据《两京新记》和《长安志》的记载,可以统计出唐长安城内,帝后、三公[①]及贵戚新建或舍宅而立的寺庙就有96处(图2-32)。

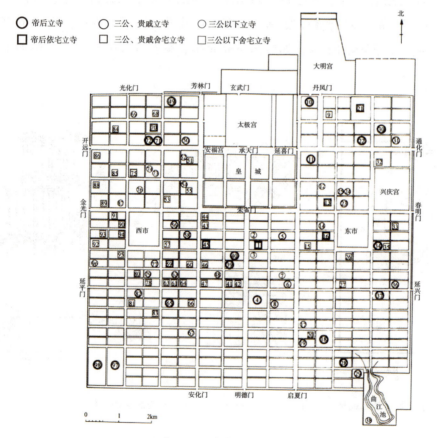

图2-32 隋唐长安主要佛寺分布示意

---

① 三公:中国古代地位尊贵的三个官职的统称,在不同朝代中所指的官职略有不同。隋唐时期"三公"代指太尉、司徒、司空。

等级名称

唐以前的佛寺等级，目前未发现明确记载，但唐朝寺院在性质上已经有官、庶之分，私营佛寺中，僧人所建的多称"兰若"，意为"远离""清净处"。受地方大富长者供养的称为"山房""招提"。

道宣与他的"理想国"

在寺院的总体布局上，隋唐时期有了新的规划指导思想。建筑者们除从佛经中寻求灵感以外，对印度早期佛寺也有很多关注，并依托传说中释迦牟尼的居所——祇洹寺的名义，提出关于佛寺规划的构想。唐高宗乾封二年（667），律宗大师道宣撰写《关中创立戒坛图经》及《中天竺舍卫国祇洹寺图经》，采用图经的形式描述了佛寺的布局：寺庙的布局有明确的南北向中轴线，寺内建筑依轴线布置。在中院南有贯穿寺庙东西的大道，大道以南为分成四块的寺区。寺庙功能分区明确，上述东西向大道以南为对外接待或接受外部供养的区域，大道以北为寺院内部活动区域，又分为中心佛院和外周僧院两部分。（图2-33、图2-34）道宣在两部图经中强调了这是借鉴祇洹寺绘制的寺庙形态，加之他在佛教和社会中的地位，可以推想出这两幅图经对当时寺院规划的影响。

中院又称佛地，是寺院中最主要的部分，由佛塔、佛殿、讲堂、佛阁等建筑组成。在隋代以前，佛塔在佛寺中处于至尊地位，这一现象在隋代有所变化，无论是佛寺在寺院布局中的位置还是体量都有所变动。与佛塔重要性消减相反的是，隋唐佛寺中佛阁的兴起，大型佛阁往往是寺内中轴线上的重要建筑。在敦煌莫高窟的壁画中，钟楼、经楼已经开始成组对称地设置在中轴线两侧。

仅存的遗构

中国9世纪之前的地面建筑几乎不存，遗址也为数不多，目前尚存的木构建筑仅有唐、五代的实例4座，都是佛教建筑，它们是山西五台南禅寺大殿、山西五台佛光寺东大殿、山西平顺天台庵大殿，以及福建福州华林寺大殿。此外，对于佛寺总体和建筑的研究更多的是参考石窟、壁画、雕刻和文献资料。

建构华夏

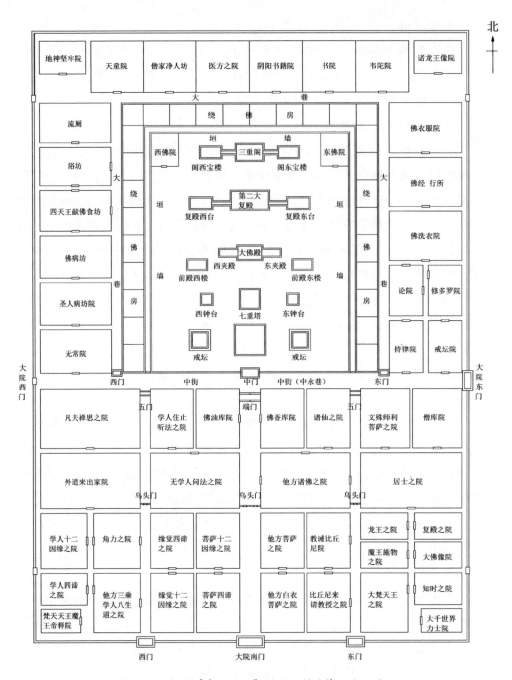

图 2-33 根据《戒坛图经》描述绘制的佛院平面图

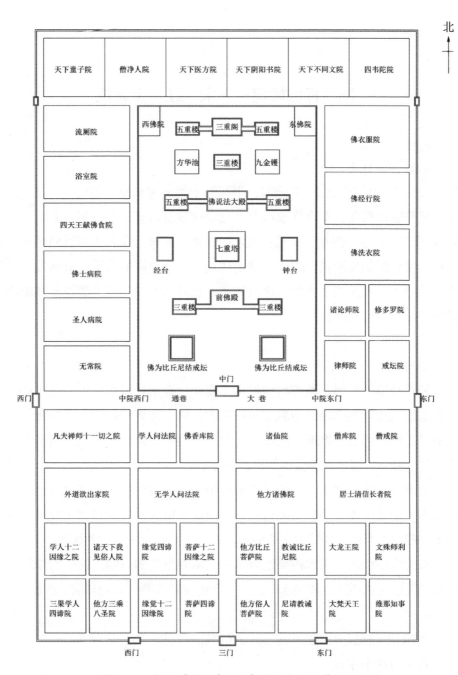

图 2-34 根据《祇洹寺图经》描述绘制的佛院平面图

陆　再创辉煌——宋、辽、金建筑

大融合时代 2.0

公元 10 世纪末至 13 世纪末，中国国土处于南北分裂的局面。汉族政权宋，契丹族政权辽，女真族政权金，党项族政权西夏，先后相互并存，直至 13 世纪末。在这一时期，宋代在经济、技术、科技、文化上都达到了中国封建社会发展的最高阶段，宋代建筑也达到了一个更高的水平，继承发展了隋唐建筑技术，并形成了完整的建筑体系，也对同时期其他民族统治地域上的建筑产生了很大的影响。

建筑发展的突出表现

随着经济的发展，城市结构发生了变化，政治性城市成为经济中心，在大城市的周边发展出经济型城市——镇市。城市建置结构产生了变化，坊巷代替了里坊，坊墙被推倒，城市空间发生了巨大变化，同时也出现了以经营为目的的驿站、客馆、酒楼等新型商业建筑。

建筑规模逐渐缩小，无论是建筑群组还是建筑单体，其规模都比隋唐时期要小，建筑总体布局趋向多进院落，建筑组群纵深方向得到了发展，也出现了一些以大型楼阁建筑为主体的布局方式，如滕王阁、黄鹤楼等。

宋《营造法式》对木构架建筑体系做出规范化的总结，这一时期的建筑控制系统已经达到世界领先水平。小木作也发育成熟，日趋华美、细腻。

《清明上河图》中的繁华

北宋的四个京城

北宋名义上有四京：东京开封府、南京应天府、西京洛阳府、北京大名府。以东京开封府为首都，也称汴梁或汴京。

东京城内四大水系

东京,又称汴梁,位于今河南省开封,地处黄河中游平原,大运河中枢地区,黄河与运河的交汇点与之相邻。这样的选址与漕运有很大的关系,便于物资运输。城内有汴河、蔡河、金水河、五丈河,"四水贯都",水运十分便利(图2-35)。

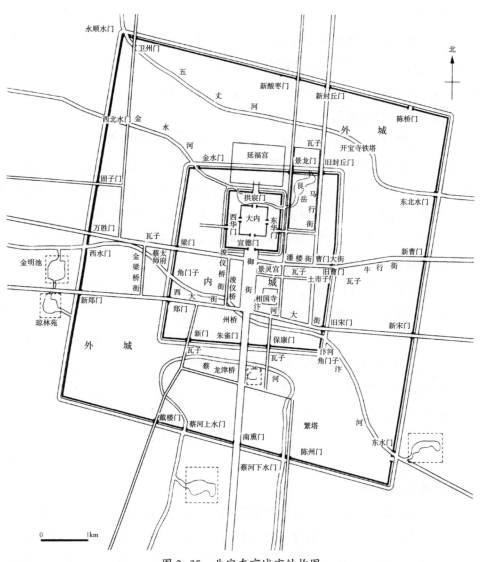

图 2-35 北宋东京城市结构图

东京三套城

东京城由宫城（子城）、内城（里城）、外城（罗城）三城相套而成。宫城即为皇城，也称"大内"，是皇室所在地，原为唐朝节度使治所。内城原为唐代汴州城，出于经济交易的发展需要，955年，为了解决里坊街巷"屋宇交连，街衢（qú）狭隘"的问题，后周世宗下诏加筑外城，拓宽道路，疏通河道，并且下令将对城市有污染的墓葬、窑灶、草市等安置在离城3.5千米以外的地方。

对古城遗址的勘察发现，内城为一个不规则矩形，城内有衙署、寺庙、府第、民居、商店、作坊。东京城的三重城墙外均有护城河环绕，外城辟旱门、水门共20座，各门均有瓮城，上建城楼、敌楼。

里坊制转向街巷制

东京城的城市结构演变过程，显示着古代城市规划由"里坊制"转向"街巷制"。后周世宗加筑外城时，便已确定外城由官府规划，划定街巷、军营、仓场和官署用地，而建筑建设则"任百姓营造"，这已经完成了冲破集中设市和封闭里坊的第一步。北宋初年，东京城内依然实行宵禁制和里坊制，设东市、西市。随着商业和手工业的发展，宋太祖乾德三年（965）四月十二日下诏正式废除夜禁，准许开夜市。仁宗时期进一步拆除坊墙，景祐年间允许商人只要纳税就可以开设店铺。封闭坊市的时间和空间局限都被打破，完成了封闭的里坊制向开放的街巷制的过渡。（图2-36）

开放的街巷制令东京城呈现出一片繁华的景象。北宋张择端绘制的《清明上河图》，描绘了宋东京城沿汴河的近郊风貌和城内的街市情景，高挂幌子的各种店铺开设在街道两旁，鳞次栉比，形象逼真地反映出北宋晚期东京城繁华的商业街景象。

禅宗之韵

衰败后的兴盛

宗教建筑的兴衰与统治集团的态度息息相关，经过前代"三武一宗"的灭法后，佛教若想再兴，势必需要统治者的支持。宋、辽、金、西夏任何一个统治集团，都企图通过宗教来维护其统治利益，对宗教的建设采取支持的

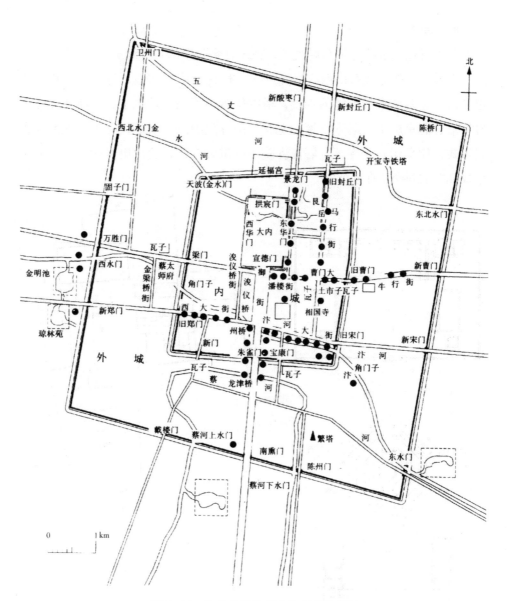

图 2-36 北宋末年东京主要行市分布图

态度。至北宋真宗时期，全国僧尼约 46 万人，设立戒坛 72 所，全国大小寺院近 4 万所。宋代皇室对佛教的利用之意大于信仰之心，因此对佛教采取的是两面政策——当社会矛盾激化时，利用宗教来麻醉民众；当经济拮据时，又靠宗教取得经济利益。

时代的延续

前朝各代出现的寺院布局类型，在宋辽金时期都有延续。

以塔为主的寺院有山西应县佛宫寺（图2-37），以释迦塔为主体，塔后建造佛殿。还有众多带有塔的寺院，塔的位置多不在中轴线上，如浙江虎丘云岩寺塔、北京房山云居寺塔等。也有一些寺院中出现双塔并立于佛殿前的布局方式，如泉州开元寺等。塔在寺院中的位置变化，反映出当时"塔作为宗教象征"的观念正在淡化。

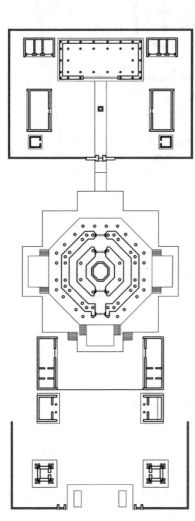

图2-37 应县佛宫寺总平面图

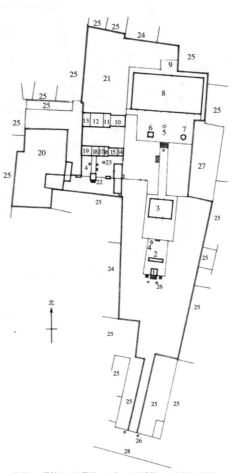

1.山门；2.牌坊；3.无量殿；4.碑；5.石香炉；6.碑亭；7.钟亭；8.大雄宝殿；9.台；10.仓库；11.祖堂；12.后佛殿；13.功德殿；14.十方堂；15.厨舍；16.客室；17.禅堂；18.大悲殿；19.方丈室；20.菜园；21.树园；22.便门；23.井；24.城隍庙；25.住宅；26.石狮子；27.待征地；28.街道

图2-38 辽宁义县奉国寺总平面图
（20世纪20年代测绘）

以高阁为主体，其后建佛殿、法堂的寺院布局，在敦煌中唐至五代时期的壁画中可以看到。据文献记载，辽宁义县奉国寺即属于此类寺院（图2-38）。金、元碑文中记载，奉国寺有七佛殿九间，后法堂、正观音阁、东三乘阁、西弥陀阁、四圣贤洞一百二十间（围廊），伽蓝堂一座，前三门五间以及斋堂、僧房、方丈、厨房等。对照寺院现状，可知原在山门内有观音阁，阁后有七佛殿，后为法堂。

佛殿在前、高阁在后的布局，流行于唐，传承于宋。现存河北正定的隆兴寺（图2-39）就是这一类型的典型寺院。在寺院中轴线上依次有山门、大

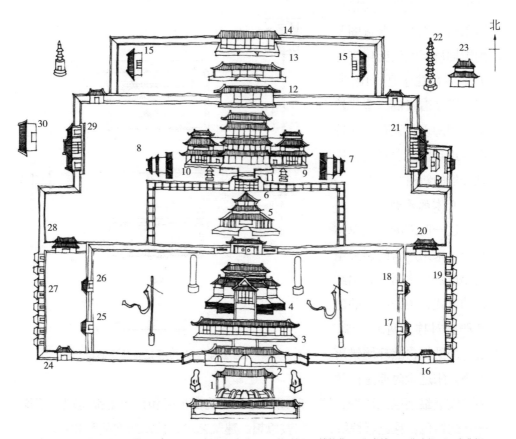

1.牌坊；2.山门；3.大觉六师塔；4.摩尼殿；5.戒坛；6.韦陀殿；7.慈氏阁；8.转轮藏；9.御书楼；10.集庆阁；11.大悲阁；12.弥陀殿；13.净业殿；14.药师殿；15.僧舍；16.东山门；17.雨花门；18.方便门；19.东廊僧舍；20.钟楼；21.伽蓝殿；22.梦堂和尚塔；23.井亭；24.西山门；25.鹿苑门；26.般若门；27.西廊僧舍；28.鼓楼；29.祖师殿；30.行宫东门

图2-39 河北正定隆兴寺总平面图（乾隆年间布局复原）

觉六师塔、摩尼殿、大悲阁等。佛殿摩尼殿在前，大悲阁在后。

以佛殿为寺院主体，殿前后置双阁。这一类型寺院的代表为山西大同善化寺（图2-40）。寺院中轴线上的建筑有山门、三圣殿、大雄宝殿。大雄宝殿前有文殊阁、普贤阁及周围回廊。大同善化寺的大雄宝殿建于辽，山门、三圣殿及普贤阁为金代建筑，回廊现已无存，文殊阁为近年仿造普贤阁在原址修建的新建筑。

众家的承载

这一时期的寺院总体布局，采用严肃的崇拜空间和自然的生活空间相结合的方式，中轴线上的建筑严整对称，两侧禅堂、僧房等结合自然环境错落安排。宋辽金时期是佛教建筑发展最活跃的时期，这一时期的佛教建筑在布局和技术上都呈现出不拘一格的特色，且色彩缤纷，是宗教思想、建筑艺术、技术趋向的承载者。

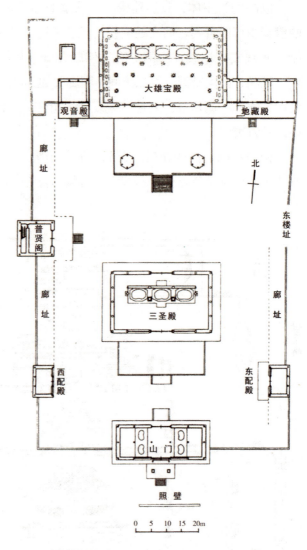

图2-40　大同善化寺总平面图

造物为景，状物为意

这一时期的园林，继隋唐盛世之后，持续发展并日渐成熟。园林作为一个体系，其内容和形式趋于定型，造园技术和艺术也达到了历来最高水平。虽然宋辽金时期的园林没有保留下来，但是从各种文献记载中可知，这一时期的园林数量众多，类型包括皇家园林、私家园林、寺观园林等，在园林发展史上处于一个承前启后的成熟阶段。

现存最早的建筑规范丛书

《营造法式》于北宋崇宁二年（1103）出版，作者是李诫。它是中国第一部由统治阶级颁布印刷，关于古代建筑设计、建造制度的书。可以说是一部宋代的建筑设计资料集与建筑规范丛书。

李诫（1035—1110），字明仲，郑州管城县（今河南新郑）人，北宋著名建筑学家，曾主持修建了开封府廨、太庙及钦慈太后佛寺等大规模建筑。除主要从事建筑工作外，他还一度当过虢州知州，在地方颇有政绩。

木构建筑体系作为中国建筑最主要的结构体系，自汉代起经历了1000多年的发展，到北宋初年渐趋成熟，宋代对中国古代木构建筑做了一个总结。所以这个时候，各种各样的著作就开始出现。虽然时值王安石变法时期，但《营造法式》并非变法的直接成果，而是徽宗时期新党复辟、贬斥元祐旧党（《元祐法式》）的产物。

这本书一共分三十四卷，五部分。

第一部分是卷一、二——总释和总例、名词解释，对文中所出现的各种建筑物及构件的名称、条例、术语做了规范的诠释。

第二部分从卷三至卷十五——各作制度，是全书的核心部分，包括了13个工种。最重要的是大木作和小木作，大木作制度包括建筑模数、梁架结构、屋顶各构件、斗拱等各结构构件制度。小木作制度包括门、窗、屏、地棚、壁板、平棊、帐、壁藏等制度。

第三部分卷十六至卷二十五——功限，相当于劳动定额的计算。

第四部分卷二十六至卷二十八——料例，相当于用料计算。

第五部分卷二十九至三十四——图样，非常真实地再现了当时的一批建筑图。

遗憾的是《营造法式》颁行不久，北宋即灭亡，所以它实际的影响并不大，能够完全验证《营造法式》的建筑几乎没有。但它是一部总结宋辽金时期建筑制度、特点的专著，是宋辽金时代的建筑百科全书。

柒　最后的盛世——元、明、清建筑

游牧民族的建筑成就

元代统一中国后，继承了宋、金的建筑文化，各种建筑的模式迅速汉化，只是在某些功能上保留了蒙古族的传统。忽必烈在金中都的基础上建造新都城——元大都，并成为明清都城的基础。元朝的统治者对各种文化和宗教的包容性很大，建筑上的雕塑和壁画都融合了很多外来因素，兴建了许多不同风格的宗教建筑，规模往往大于前朝。元朝虽然历史短暂，遗留建筑数量不多，但在城市规划上获得了极高的成就。

建筑群组的蓬勃发展

现存中国古代建筑中，绝大多数是明清两代的遗迹，建筑类型丰富，大型组群建筑的规划达到前所未有的高度，皇家宫殿、坛庙、陵墓等大型官式建筑群，如北京紫禁城、天坛、明十三陵等，都是组群建筑布局的典范。明清北京西郊"三山五园"和承德避暑山庄等皇家园林，将中国苑囿建设推向了历史的高潮，南北方私家园林、寺庙园林和邑郊、山川风景等彰显了明清时期造园理景的规划理念。

建筑精细化

中国古代建筑的木构架体系在宋代精致化后，在明清时期已高度成熟。大木构架加强了整体性，简化了梁柱结合方式，斗拱结构技能衰退，退化为垫托性、装饰性构件。清雍正十二年（1734）工部颁布的《工程做法》，进一步强化了建筑标准化。明代开始，砖的产量大幅度增加，广泛应用于各种建筑墙体，硬山屋顶也随之出现。

从清朝中叶开始，官式建筑由成熟的定型化转向过渡的程式化，木构架趋向板滞，园林、家具、装饰、彩画等也由于过分追求精细而导致堆砌、繁缛，建筑风格欠缺生气。

封建王朝最后的都城

北京是多个朝代的都城，在中国封建社会末期，北京先后作为女真王朝金统治政权的中都、元代蒙古族统治时期的大都、明清两代统治的都城。（图2-41）

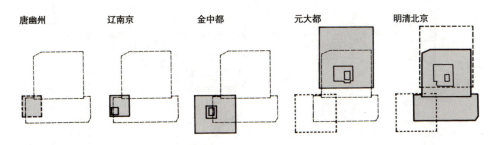

图2-41　北京城址变迁示意图

金中都到元大都

元朝废弃了金中都残破的旧址，另辟新址。由于蒙古人有"逐水草而居"的观念，元把原本处于离宫的湖泊纳入城市的范围之内，元大都以太液池为中心确定城市和建筑的布局。都城平面接近于方形，有外城、皇城、宫城，三城层层相套而成。外绕护城河，各城角都有高大的角楼。城东、南、西各开三门，北面开两门，通向城门的道路构成城中的主干道，干道之间有整齐的街巷连接。寺庙、衙署、商店和住宅如棋子般分布其中。在房屋建造之前，预先埋设了全城的地下水道，城中设50个坊（非唐坊，而是区域划分的名称），颇具长安风味。由于皇城和宫城位于都市的南侧，所以北部成了商业区，宗庙建在东西两侧。众多建筑都按照严格的等级制度建设，都城建造思想遵循了汉族的儒家思想。（图2-42）

成祖迁都

明永乐十八年（1420），明成祖朱棣决定将都城由南京迁往北平。在元大都大内的宫殿遗址上，依照南京紫禁城的建制重新建造新的皇宫和都城，并改北平为北京。在元大都北城墙内又筑新城墙，将南城墙向南移动，延长

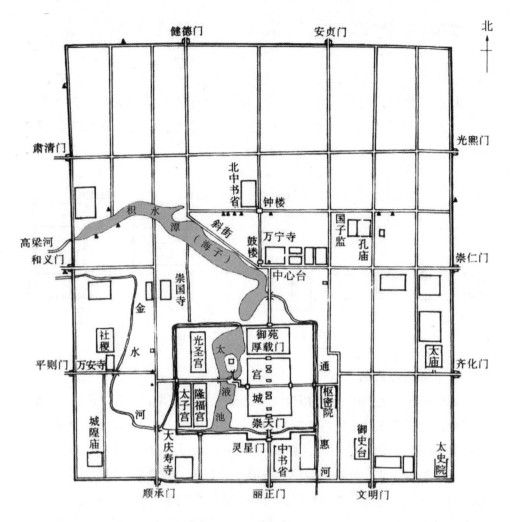

图 2-42 元大都平面复原图

了皇城的中轴线，使整个都城南移，形成了宫城居中的城市布局。此后还加建了外城南面的城墙，北京城的凸字形平面、中轴线自南向北贯穿城市的布局自此基本确定下来，并被清朝沿用。（图 2-43）

城市规划

明清北京南外城主要是手工业和商业，还有天坛和先农坛，南面开三门，东西各一门，北面开三门通向内城，两角上设置通向外城的两座城门（东、西便门）。城门建有瓮城、城楼和箭楼。（图 2-44）在外城的东南和西

第二章　历史上的中国建筑

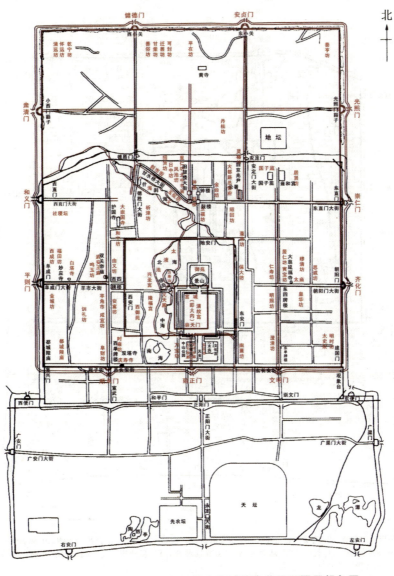

—— 元大都城坊宫苑平面配置想象图
—— 北京市内外城平面略图

图 2-43　元、明两代北京发展示意图

南还建有角楼。内城中以主干道为骨干，之间穿插有南北向或东西向的街道和胡同，居民区就穿插在其中，此时的街道已经有了用砖砌的排水暗沟。皇城是不规则的方形，主要有宫苑、庙社、衙署等配套建筑，城四面开门，

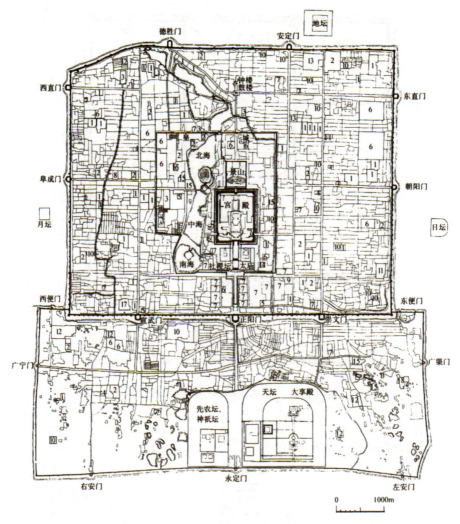

1. 亲王府；2. 佛寺；3. 道观；4. 清真寺；5. 天主教堂；6. 仓库；7. 衙署；8. 历代帝王庙；9. 满洲堂子；10. 官手工业局及作坊；11. 贡院；12. 八旗营房；13. 文庙学校；14. 皇史宬；15. 马圈；16. 牛圈；17. 驯象所；18. 义地养育堂

图 2-44 乾隆年间北京城平面图

南门为天安门，其南有大明门（清改为大清门），皇城内的宫城便是明清政治中心紫禁城。

中心轴线

皇城内的主要建筑沿中轴线布置，轴线长达 7.5 千米。自外城永定门起，向北到达正阳门，后经大明门至天安门。大明门与天安门之间有千步廊（图2-45），将横向的长安街截断，穿过紫禁城，到宫城最高点景山，出皇城的北门地安门后，是中轴线的结束点钟鼓楼。

宗派交替

随着佛教的发展，宗派越来越多，如法相宗、三论宗、天台宗、华严宗、禅宗、净土宗、真言宗、律宗。禅宗的寺庙山西洪洞广胜寺，上寺为明代遗构，下寺的建筑基本上都是元代遗构。下寺大殿梁架极具特点（图2-46），殿内使用减柱法和移柱法，使殿内起支撑作用的内额长达十几米，还大胆地使用斜梁，并把上端放置在内额上，直接加檩，省去了一根大梁。但是这样的技术在当时并不成熟，大殿后来不得不增加支柱来保证梁架的稳固。

明代佛教以禅宗为主，各个不同宗派之间相互融合。佛教四大名山形成，随之促进了明代佛教的复兴，各种寺庙建筑也有了较大的发展。这一时期的佛教已经大众化、通俗化，所以佛寺建筑

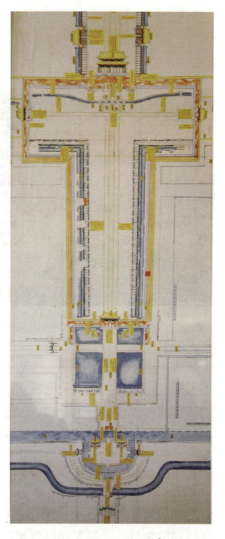

图2-45　千步廊——样式雷[①]档案（故宫东华门展厅）

与民间建筑的风格相互结合，建筑总体布局比建筑单体取得了更大的成就。清代佛寺建筑也体现了同样的特征（图2-47）。

在这一时期，还有一个佛教宗派得到了很大的发展，就是密宗，可以把

---

① 样式雷：主持建造清代宫廷建筑的匠师家族。

图 2-46　山西洪洞广胜寺下寺后大殿

它简单地理解为藏传佛教。元朝的统治者信仰藏传佛教，虽然在明代没有得到发扬，但是在与蒙古关联密切的清代，得到了大力发展，甚至出现了汉传佛教和藏传佛教并行的寺院，如北京雍和宫。雍和宫原来是雍正皇帝做王爷时候的府邸，雍正登基后，将其改为寺庙，同时供奉藏传佛教和汉传佛教。

集天下名园精华

明朝建立之初以节俭治国，曾制定过严格的制度限制私家园林的建设，所以明中期以前的私家园林发展不大。明朝后期，由于经济的发展，社会上层人士、富庶人家开始陆续建造私家园林，数量大大超过前朝。明代园林偏重人工造景，无论是山石叠砌还是引用水系，技艺都非常高超。每一座园林都反映着园主的理想追求和审美情趣。

清代是中国古代园林发展的最后一个高潮时期。清朝统治者对园林极其偏爱，在市郊建造大型的皇家园林。这也使得官宦、地主、富商积极造园，数量之多是明代不能比拟的。清代园林吸收了民间建筑文化，形成了独具特色的园林体系。清代北方园林以北京为代表，园林多带有官宦之气，尤其是

图 2-47　北京潭柘寺大雄宝殿

王府花园（图 2-48）。为了弥补冬季植物色彩不足，园中建筑多用彩画装饰。南方园林以江南私家园林为代表，建造亭榭，叠砌山石环绕自然水系，可以说水是江南私家园林的主线。（图 2-49）

清代建筑文法书

《工程做法》（以下简称《做法》）为清代工部颁布于清雍正十二年（1734）的建筑做法规范。此书的编撰负责人为果郡王爱新觉罗·胤礼（允礼）。胤礼于雍正六年（1728）晋封为果亲王，雍正七年（1729）奉命管理工部事务。雍正九年（1731）开始"详拟做法工料，访查物价"，历时 3 年编成此书。

《做法》被《清会典》及《清会典则例》著录列入史部政书类，可见《做法》是一部工程类的法典。其目的在于统一建筑营造标准，加强工程管理制度，控制工程造价预算，同时也为工程审查、验收，以及核对工料经费提供了依据。从奏疏中可以看出，《做法》的重点在工程，除了工程的"等第""规定"，还要掌握"物料价值""以慎钱粮"。

全书原编74篇，大致分为两部分，一部分为各种做法制度，另一部分为各作料例工限。

《做法》采用了新的模数——斗口，并使用一套明清建筑术语。其建筑制度和做法法则与宋《营造法式》中的也有所不同。但并不是所有清代建筑的建造都遵循《做法》。《做法》是清代皇室为了控制工程造价、预算而出台的"法典"，适用于官方的监管建造以及验收成果。而皇家建筑则按照《内庭工程做法》《钦定工部则例》等不外传的建筑"则例"进行建造、验收。

梁思成先生称宋《营造法式》为两部建筑文法书之一，另一部就是清工部《工程做法》。

上图 2-48 北京恭王府平面图
下图 2-49 江苏苏州网师园

第三章

权力的象征——皇家建筑

壹 为君独尊——帝王宫殿
贰 帝王的赏欣之道——苑囿
叁 敬神祭祖——祭祀建筑
肆 帝王的身后居所——陵寝

建构华夏

纵观中外历史，耗费财力最多的建筑都是当时的扛鼎之作，在西方其代表是宗教建筑，在中国当数皇家建筑。

皇家，是中国古代封建王朝和帝国时代最高统治者的家族，为了展现至高无上的地位和统治权，他们在衣食住行上的使用规格都远超实用所需。皇家建筑也是一样，作为最高级别的工程项目，这些建筑投入了最雄厚的物力，最杰出的人力，汇集了传统建筑中最为卓越的艺术成就。

中国传统建筑以木材为主要建筑材料，因此匠人们会挖空心思地来弥补木结构的缺陷，以实现皇家建筑的恢宏和雄伟。方法主要有两种：其一，利用高起的地形地势和巨大的台基，再选用最好的材料和技术将木构架的结构优势发挥到最大，实现建筑体量向高、向大发展；（图3-1）其二，利用多种建筑形式组合、相互映衬的庭院式布局，通过重重铺陈、院苑烘托的方式，形成庞大的建筑体量。（图3-2）

上图 3-1　唐长安大明宫含元殿外观复原图（傅熹年绘）

下图 3-2　京师生春诗意图（清　徐扬绘，故宫博物院藏）

所以，我们看到的皇家建筑一般都是建筑群，而不是单一的建筑体。

皇家建筑是由不同属性的院落根据其功能的需要，按一定原则组织起来的等级最高、规模庞大的中型或大型庭院组群。这些庭院组群都有一个占主导地位的核心庭院，核心庭院及其主体建筑的功能，决定了这个建筑群的性质。这些主体建筑及其所处的庭院，多是供皇室成员居住休憩，举行朝政活动、重大典礼以及祭祀活动使用的。皇家建筑根据其主要使用功能可以分为宫殿、祭祀建筑、陵墓、苑囿四种。

壹　为君独尊——帝王宫殿

宫，在秦朝以前，是对用于居住的房屋建筑的通称；秦以后逐渐变为高等建筑的专用名词；后来和有行政用途的"殿"一起统称为"宫殿"。中国的宫殿因为建筑工艺、规划布局、政治及礼制的需要，通常都是与宫城、都城一起规划和建设的。所以，我们说到的"宫殿"，通常是指某处大面积的宫城或皇城，如故宫。

皇城的核心功能，是供皇帝起居、办公和从事礼仪活动的场所，具备这些功能的宫殿和庭院，往往设置在皇城的中轴线上；皇帝的后宫妃嫔和子女的居所，作为次要建筑依附在中轴线的两边。为了维持这个庞大家族的生活起居，同时彰显皇家威严，自然需要大量的随从服侍，而这些人的住所，也要安排在皇城之中。可见，居住，是皇城的主要功能——皇城实际上是一个居住建筑群，也就是皇帝的家。

宫殿建造制度

在3000年前的周代，"核心宫殿→宫城→都城，层层向外延伸布局"的观念就已经开始形成；但由于条件所限，那时只能简略地实现或局部实现。之后，随着生产力进步和礼制意识的完善，皇城的布局和规划日渐成熟，最终形成了一套完整的体系。

"前朝后寝"之制

"前朝后寝"是宫殿建筑最早出现的平面布局形式,它作为空间功能划分的形式,一直沿用至明清时期。"前朝后寝",将建筑分为前后两部分,一墙之隔,有前堂与后室。(图3-3)前朝,是行政办公、举行典礼之处。后寝,是生活居住的地方。

在迄今考古发现最早的宫室建筑遗址,河南偃师二里头1号宫殿遗址(参见P48图2-5)中就能很清晰地看到这种布局形式。这证实了《周礼·考工记》中关于"夏后氏室"的内容。

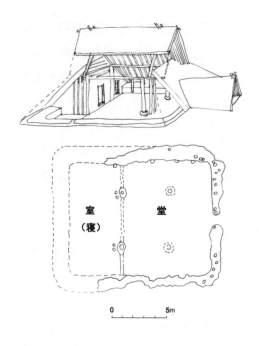

图3-3 陕西西安半坡建筑遗址——"大房子"

早期的"前朝后寝"主要是针对独立的一栋房子,是社会生活的实用需要。随着宫室活动规模的扩大,宫殿建筑从一栋建筑内划分"前朝后寝"的单一形式演变为"前朝""后寝"分立的形式,并逐渐演化成为一种礼仪制度。

"三朝五门"之制

商代,对天子宫室建筑明确提出"处理政务的前朝"和"生活居住的后寝"两大功能要求。到了3000年前的周代,围绕皇室的一系列组织制度已经有具体的章程,皇宫的设计必须适应这些制度。于是产生了《周礼》中提到的"三朝五门"之制,这是对"前朝后寝"功能的进一步细化。(图3-4)

"三朝"由外至内为:外朝、治朝、寝朝。"五门"由南至北或由外向内分别为:皋(gāo)门、

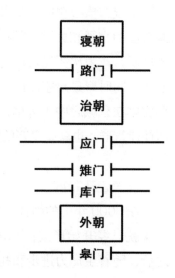

图3-4 "三朝五门"制

库门、雉门、应门、路门。

前朝位于皋门和库门之间。皋门是外朝的门,"皋"的本意是远。库门因为门内有库房和厩棚而得名。前朝是举行大典、颁布法令、与国人(主要指贵族)议事、处理狱讼之地。所以前朝也被称为"大朝"。前朝位于宫城之外,相当于宫城的前广场。

治朝位于应门之内、路门之外。是帝王日常与群臣治理政事的地方,因此叫作治朝,也叫作"日朝"或"常朝"。在应门或雉门的两旁通常会建造双阙,上面悬挂国典,以示国人。

路门之内为寝朝,也称"燕朝",也属于内朝。是举行册命、接见群臣以及与群臣商议宗族之事、宴饮、举行庆典、日常听政和礼宾之地。

"三朝五门"之制是"前朝后寝"之制的进一步发展,适应了不同的朝会活动和宫廷礼制的需要,并一直影响后世的宫殿建设。在中国历代宫殿的基本布局中都能看到两种制度的痕迹。

"高台榭、美宫室"

春秋战国时期,礼乐崩坏;诸侯们出于野心或享乐的需求,营造宫室都超出了礼制的规范,并互相攀比,使高台宫室盛行起来。高台建筑,是依附于高台的建筑组合体。《尔雅·释宫》中有"四方而高曰台""有木者谓之榭",台榭也是高台建筑的一种。

高台建筑以高大的夯土台为基础和核心,在高台上建造木结构宫殿。通常是多层高台错落,每个高台上都有相互连接的建筑,形成一个建筑群。这种向高处发展的建筑趋势,实际上反映了统治者希望高踞于臣民之上的意图,建造"空中楼阁",同时也体现了统治者对"求仙""上天"的追求。

从文献里可以得知,东周时期,高台建筑就已经普及。在考古发现的春秋战国古城遗址中也有很多高大的土丘,这些都是当时宫室、台榭等高台建筑的基址。陕西咸阳市东发现的战国秦咸阳宫殿遗址,都是由夯土筑成的高台。秦一统天下后,在咸阳扩展为皇城的过程中,将六国的宫殿当作战利品,拆解运送至咸阳用于扩建皇城。渭南上林苑的阿房宫(图 3-5)只建了一个前殿,就已经非常庞大了——《史记·秦始皇本纪》中记载:"先作前殿阿房,东西五百步(秦汉制度每步为六尺),南北五十丈,(台)上可以坐万人,

建构华夏

图 3-5 秦代宫殿阿房宫复原图

(台)下可以建五丈(高)旗……"可见此时高台建筑是宫殿建筑群中主要建筑的形式。

已经发现的汉长安城内的未央宫、桂宫、北宫、明光宫等高台建筑遗址就有 10 余座,它们都是官殿建筑的主要建筑。唐代宫殿遗址西安市大明宫遗址中,仍然可见多处宫殿遗址处有高台。(图 3-6)明清故宫中的前三殿,也是建造在三层汉白玉台基之上,可以说是早期高台建筑的遗风。

"象天立宫""择中立宫"

《周易》认为万事万物的变化都是有征兆的,可以通过观察天象,推断出事情的发展趋势,从而用来指导日常活动。"见乃谓之象,形乃谓之器,制而用之谓之法。"也就是说通过对"象"的观察,有目的、有计划地制作出"器"。古代工匠用这样的"以象制器"的原则来进行建筑的选址、布局。帝王"君权神授","象天立宫"自然也就成了宫殿建筑的建造原则之一。

古人观天象,认为赤道附近有二十八星宿,并把东、西、南、北四个方位的七星宿分别想象成为一个动物,即青龙、白虎、朱雀(形似凤凰)、玄武(龟身蛇尾)分别镇守着四个方位。

图 3-6 陕西西安大明宫延英殿院落遗址

众星围绕北极星，紫微垣以北极星为中枢，又称"中宫"，因此"受命于天"的帝王就居住于"紫微宫"。唐长安太极宫正门为"承天门"、正殿为"太极殿"都是取意于天。宫城北门为"神武门"，皇城南门为"朱雀门"也是取名于天象。（图3-7）明清帝王更是居住在"紫禁城"中，宫城金水河代表着银河，东、西六宫，东、西五所，是天干地支，象征天上的星辰，围绕着中轴线上皇帝的居所。

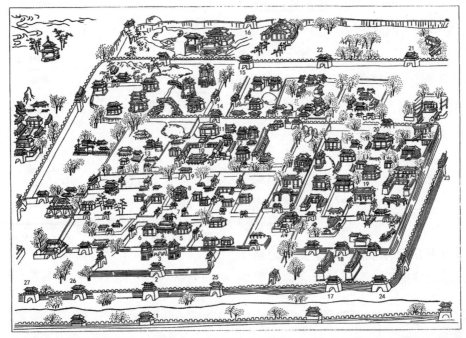

1. 朱雀门；2. 承天门；3. 嘉德门；4. 太极门；5. 钟楼；6. 鼓楼；7. 太极殿；8. 两仪殿；9. 甘露门；10. 甘露殿；11. 延嘉殿；12. 神龙殿；13. 安仁殿；14. 重元门；15. 神武门；16. 鱼粮门；17. 崇明门；18. 嘉德门；19. 明德殿；20. 承恩殿；21. 元德门；22. 安礼门；23. 延禧门；24. 永春门；25. 长乐门；26. 广运门；27. 永安门

图 3-7 唐长安太极宫想象图

本着"择天下之中而立国，择国之中而立宫"[①]、帝王居于"紫微宫"的思想，都城的建造基本都是以宫城为主，以宫城南北中轴线为都城的主要轴线。虽然东汉长安城设立了东、西两宫，但单从位置关系上可以说，长安城是以东西二宫形成的轴线为中轴线，左右关系均衡，仍然是以"宫"为主。

---

① 出自《吕氏春秋·慎势篇》。

建构华夏

从东汉至明清,"宫"与"城"基本都保持了这样一种关系。(图3-8)

帝王最后的权力中心——紫禁城

北京故宫是中国明清两代的皇家宫殿,旧称"紫禁城",位于北京中轴线之上,是中国古代宫廷建筑之精华。北京故宫占地面积约72万平方米,建筑面积约15万平方米,有大小宫殿70多座,房屋9000余间,是世界上现存规模最大、保存最为完整的木质结构古建筑群。(图3-9)

紫禁城速写——看懂建筑布局

紫禁城的宫殿建筑,总结性地继承了传统的宫殿建筑规制,遵循礼制和阴阳五行的思想,通过空间的整体布局和装饰等诸多手段,完美地展现

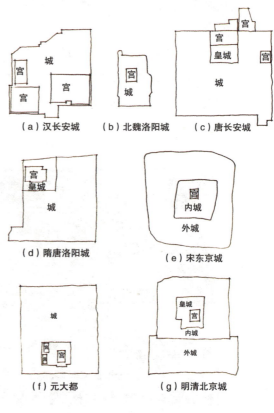

图3-8 汉至清都城的宫、城位置关系示意图

图3-9 从景山上看故宫

第三章 权力的象征——皇家建筑

了宫殿建筑中所蕴含的"君权神授、天子至尊"的核心思想。布局完整、规模宏大、气势雄壮的紫禁城,集中国古代宫殿建筑思想之大成于一身。

礼制思想占主导地位

紫禁城是整个北京城的中心。受"筑城以卫君"的思想影响,中国的都城建设都以守卫和服务皇宫为本,是比宫城更大的堡垒。紫禁城采用了严格的中轴对称格局,轴线上的主要建筑和轴线两侧的次要建筑互相映衬,凸显中轴线。而整个都城都以紫禁城的中轴线为主轴线,从外城永定门起,经内城正阳门,穿过故宫,出神武门,连接景山,直达鼓楼,贯穿全城。整个北京城就是以紫禁城为中心、以南北中轴线为主导建设起来的。(图3-10)

"三朝五门"制度,传至清代,与《周礼》中的记载并无太大差别。紫禁城的"三朝"以午门为外朝,同时兼有部分内朝的功能,而以太和门内的太和殿为治朝,太和殿实际上也是治朝之所。乾清门内乾清

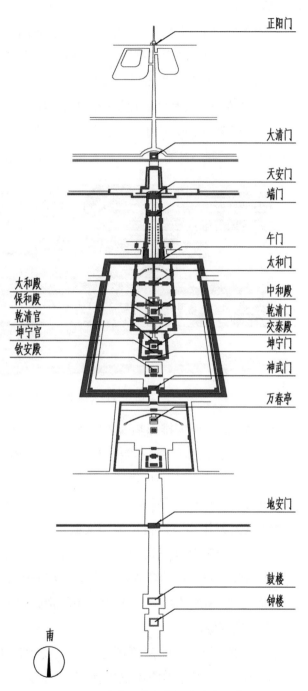

图 3-10 明清北京城中轴线节点示意图

101

宫为燕朝。乾清门相当于"路门",门外三大殿是"朝",门内三宫是"寝"。所谓"五门"分别为天安门、端门、午门、太和门、乾清门。基本与周代的"三朝五门"制度相符,太和门相当于"应门",午门的功能与"库门"相近,但建筑形式又与"雉门"相同。

"五门"与其间的建筑物构成的庭院空间,或短或长,或宽或窄,构建出一个有趣的空间序列,创造出张弛变化的空间感。狭长的千步廊、巍峨的午门,都为进入太和门后看到太和殿及其庭院所受到的震撼作序曲。(图3-11)

《康熙南巡图》
第十二卷

图3-11 《康熙南巡图》展现的序列空间

这种通过空间安排影响人的感官、营造建筑巍峨氛围的手段,使得中国的单体建筑虽受材料限制不能过大,但却依然能给人以震撼的壮阔感。

"前朝后寝"是中轴线上建筑群的核心功能,由两个主要庭院来实现。太和殿、中和殿、保和殿三大殿位于中轴线的前部,构成前朝部分,是皇帝在重大典礼和节日召见朝廷文武百官、举行盛大典礼的地方。乾清宫、交泰殿、坤宁宫等三宫位于中轴线的后部,构成后寝部分,三宫的两侧有供太后和太妃居住的西六宫,供皇帝妃子居住的东六宫,以及皇子、公主的居所。(图3-12)供宗教、祭祀使用的殿阁和供皇帝休息娱乐的苑囿园林也安排在后寝区域。

端门和午门的两侧还有两个重要的建筑。左边是太庙,即皇帝祭祀先祖的地方,因在中轴线左侧称为"左祖"(现为劳动人民文化宫)。右侧是社稷坛,是皇帝祭祀土谷之神的地方(现为中山公园)。古代左为尊,可见古人是把祖先的地位置于社稷之上的,也反映了中国传统文化中"家天下"的思想。这种布局也正应和了《周礼·考工记》中"左祖右社"的记载。

"阴阳五行"学说

"阴阳五行"学说在紫禁城的设计思想中得到了充分体现。紫禁城整体上分为前朝和后寝两部分:前朝为阳,多用奇数;后寝为阴,在布局上有两宫六寝,多用偶数。皇帝和皇后居住的后三宫,作为寝宫原本也只有乾清宫和坤宁宫(交泰殿为之后增建)。

外朝中路的三大殿,坐落于"土"字形的汉白玉台基之上,土为阴阳五行之一。根据阴阳五行学说,在金、木、水、火、土中,土居于中央,把三大殿的台基连起来,建成"土"字形(图3-13),表示这里是天下的中央;同时,土也代表江山社稷,"土"字形"三台"喻义江山永固、社稷安康。

紫禁城中主要建筑的屋顶用黄色琉璃瓦(图3-14),

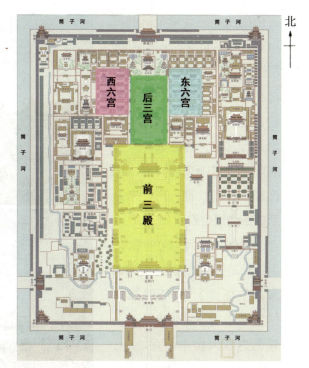

图3-12 "前朝后寝"示意图

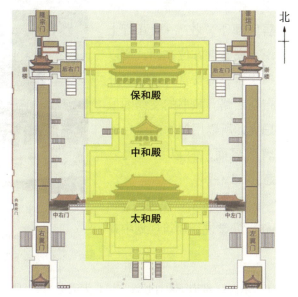

图3-13 "土"字形台基

黄色属土。三大殿坐落的汉白玉台基平面呈"土"字形。汉董仲舒在《春秋繁露·五行相生》中说"中央土者，君官也"，唐孔颖达说"土为五行之主，尊之故称大"，因此，土居中央，同时土也代表了江山社稷，用此来显示皇帝的地位尊贵。

皇城东部建筑的屋顶用绿色琉璃瓦，因为东方属木，象征"生"，所以被安排为皇子的宫室（图3-15）。绿色为春天树木萌芽之色，象征旺盛的生命力，代表了皇帝对子孙后代所寄予的希望。相对地，太后、太妃的居所属于"收"，从五行上说，属金，方位在西，所以慈宁宫、寿安宫、寿康宫分布在西路。藏书的文渊阁最忌火，所以用属水的黑色琉璃瓦屋面，有以水压火之意。（图3-16）

实际上，"堪舆（kān yú）①"学说在建筑规划中并

上图 3-14　紫禁城建筑群屋顶
中图 3-15　"南三所"（"阿哥所"）建筑群
下图 3-16　文渊阁

---

① 堪舆：《淮南子》许慎注"堪，天道也；舆，地道也"，后为天地的代称，有"仰观天象，并俯察山川水利"之意，民间也称"风水"。

不占主要地位，它往往是设计者用来解释设计思路的一种概念，借此为自己的设计增加合理依据；是一种建立在使用功能和美学表达基础上的附加概念。

九五之数，紫禁城的模数玄机

在古代，九、五两个数字相连，只能是皇帝专用。《周易·系辞下》中有记载，"崇高莫大乎富贵"，其后《疏》①曰"王者居九五富贵之位"，这是古代用"九五"象征帝位的由来，后世称皇帝为"九五之尊"。

紫禁城城墙外轮廓尺寸，东西宽760米，南北深960米。除去古代丈量技术、标准等不准确因素，紫禁城与老北京城的轮廓比例是1∶49，这与《周易·系辞上》所记"大衍之数五十，其用四十有九"的说法吻合。暗含着九、五与紫禁城之间的关系。

"三大殿"建筑群，东西两侧廊庑外墙之间的距离为234米，三大殿的台基东西方向的宽度为129米，两者之间的比值234∶129=1.81∶1=9.05∶5≈9∶5，也是九与五的比值。隐喻了前三殿是"九五富贵之位"的帝王之城。（图3-17）

"三大殿"建筑群，南起太和门，北至乾清门，南北长437米。"后三宫"建筑群南北以乾

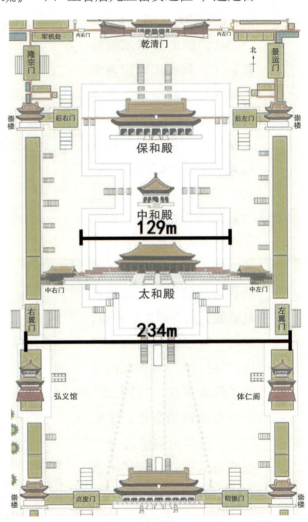

图3-17 三大殿"九五"比例关系

---

① 古文中出现的"疏"，是相对于"注"而言的。注就是注解，疏是在注的基础上再进一步进行解释。

清门和坤宁门为界,纵深218米。东西以两侧廊庑外墙为限,宽118米。从数据上可以看出,"前三殿"的长宽约是"后三宫"的2倍,面积约为4倍。

从详细的紫禁城测绘数据上,我们可以发现紫禁城是以"后三宫"建筑群为基本单位进行规划的。(图3-18)"前三殿"的长宽是"后三宫"的2倍,天安门至大清门的距离是"后三宫"的3倍,东西三座门的间距是"后三宫"的3倍。东六宫与乾东五所合起来的面积、西六宫与乾西五所合起来的面积,都与"后三宫"的面积相同。"后三宫"是帝王的家宅,代表皇权,"三大殿"是国家政权的象征。家宅扩大4倍即为政治办公中心的建筑手法,有"化家为国""君临天下"的意思。

"择中"的思想也始终贯穿于紫禁城建筑群的庭院布局中。首先前三殿和后三宫都布置在中轴线上,

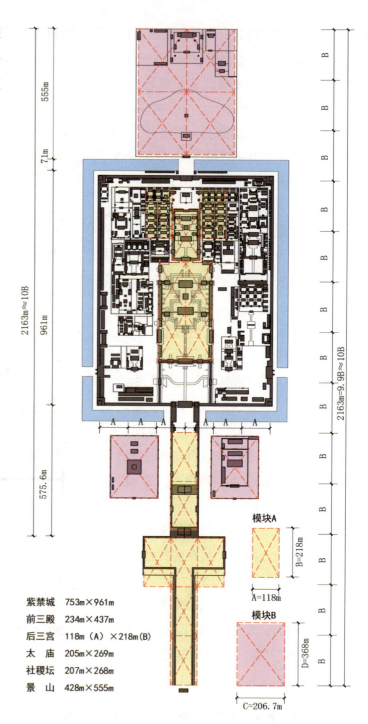

图3-18 故宫规划模数示意

庭院布置是严格的左右对称式。"三大殿"院落的几何中心在太和殿,"后三宫"院落的几何中心是乾清宫,都位于对角线的交点。而前三殿的主要建筑的布置偏北,中心点太和殿前有空旷的广场,使太和殿前的庭院看起来更加宽阔、完整。(图 3-19)

紫禁城"三大殿"

故宫"三大殿"是紫禁城的行政中心,始于太和门,终于乾清门,两侧有廊庑。(图 3-20)整个建筑组群占地 10.2 万平方米,以太和殿为中心,分为前院和后院。其中太和殿到太和门之间的广场约为 3 万平方米。太和殿前广场的两侧,东面为体仁阁,西面是弘义阁,两个阁的背面宫墙上开有左翼门和右翼门。宫院的四角设有方形重檐歇山顶的崇楼。这些建

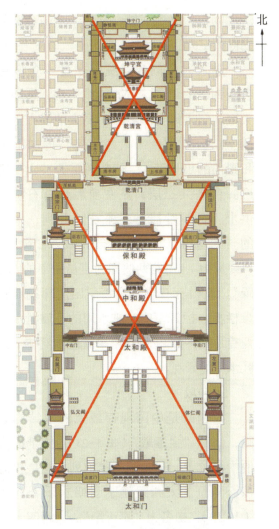

图 3-19 "择中"思想示意图

图 3-20 三大殿全景

筑之间再用廊庑连接，形成一个围合宽敞的巨大空间。

进入太和门，庭院正中是一条以巨石板铺设的甬道，对缝精细平整，直通三大殿。三大殿全部坐落于高大的汉白玉台基上。台基配合三大殿形态，再加上太和殿前的出丹陛①，整个平面呈"土"字形。台基共三层，左右前后都有石阶可供上下。前后都是三座石阶并列，中间的一列是用巨石雕刻的云龙戏珠"御路"（图3-21），御路两侧即为官员上下的"踏跺"。汉白玉石雕基座每层四周环绕着石雕栏板。栏杆下安有排水用的石雕泄水螭龙首（图3-22），每到雨季就能看到"千龙吐水"的景观。

图3-21　太和殿御路

太和殿

太和殿是中国现存最大的木结构大殿，俗称"金銮殿"（图3-23），位于故宫的中心位置、三大殿的最前列，是皇权的核心象征。太和殿建于明朝永乐十八年（1420），初名为"奉天殿"。嘉靖四十一年（1562）改名为"皇极殿"，顺治二年（1645）改名为太和殿并沿用至今。

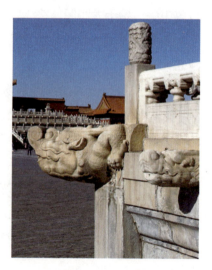

图3-22　泄水螭龙首

太和殿建成以后经过多次焚毁，因此也多次重建，我们现在看到的是清康熙三十四年（1695）重建的。太和殿的原开间为九间，康熙时期的最后一次修复扩为十一间，但总尺寸并未改变，约为64米，进深五间，高约为37

---

① 丹陛："丹"者红也，"陛"原指宫殿前的台阶。一般只有皇帝或有一定地位的人才可以从丹陛两侧走。

第三章　权力的象征——皇家建筑

图 3-23　太和殿

米。太和殿是紫禁城内体量最大、等级最高的建筑物，建筑规格之高，装饰之精美，堪称中国古建筑之首。

太和殿为重檐庑殿顶，铺满黄色琉璃瓦。每条戗脊上设置有11件仙人走兽（参见 P18—19 图 1-25）。正脊两端有高3.4米、宽2.69米、重约4.3吨的龙吻，是中国现存古建筑中最大的龙吻。它是由13块中空的琉璃块组成的。（图 3-24）

太和殿内共有72根大柱支撑，其中顶梁大柱最粗最高，直径为1.06米，高12.7米。明代用的是楠木，得之不易。清代重

图 3-24　太和殿正脊吻兽

建用的是松木。殿中央摆有金漆雕龙宝座，两旁直立6根直径为1米沥粉贴金的蟠龙①金柱，所贴金粉有深浅两种颜色。宝座上方有巨龙蟠卧的藻井，有镇压火灾之意，龙头下探，口衔宝珠，称为"轩辕镜"。（图3-25）柱上方悬挂乾隆御笔的"建极绥猷"金色牌匾（图3-26）。

建筑内外的木构件上均有彩画装饰，和玺彩画的额枋，殿内顶部全为金龙图案井口天花，梁枋上也遍饰金龙和玺彩画，使整个大殿形成万龙竞舞的气氛。（图3-27）殿内地面铺设二尺见方的大"金砖"4718块。"金砖"是一种经数十道工艺加工烧制后形成的特殊砖，质地坚硬，密度大，敲击时有金石之声。

图3-25　太和殿内部

图3-26　"建极绥猷"匾额

图3-27 檐下彩画

---

① 蟠龙：伏在地上或盘成一团的龙，中国传统建筑中，盘绕在柱上和装饰在桩梁上、天花板上的龙通常被称为"蟠龙"。

中和殿

中和殿（图 3-28）在太和殿之后，始建于明永乐十八年（1420），初称"华盖殿"，嘉靖时改名为"中极殿"，清顺治二年（1645）改为"中和殿"，建筑级别略逊于太和殿，是皇帝上朝前的休息处或重大典礼前的礼仪演习处，在祭祀天地和太庙之前，也要在这里审阅写有祭文的"祝版"。此外，到中南海演耕①之前，皇帝也要在这里审视一下耕具。

图 3-28　中和殿

中和殿平面呈正方形，面阔、进深各为三间。四面出廊，用金砖铺地。屋顶是单檐四角攒尖，屋面覆黄色琉璃瓦，中为铜胎鎏金宝顶（图 3-29）。殿四面开门，正面隔扇门 12 扇，其他三面隔扇门各 4 扇，门前石阶东西一出，南北各三出，中间为浮雕云龙纹御路，踏跺垂带浅刻卷草纹。内外檐下均饰金龙和玺彩画，天花为沥粉贴金龙，殿内设地平宝座（图 3-30）。门窗的形制取自《大戴礼记》中描述的"明堂"，使三大殿在统一的立面上富有变化。

---

① 演耕：皇帝带领文武百官一起进行的一种仪式性耕种。

图 3-29 中和殿鎏金宝顶

图 3-30 中和殿地平宝座

保和殿

保和殿（图 3-31）位于中和殿之后，始建于明永乐十八年（1420），初名"谨身殿"，嘉靖时改名为"建极殿"，清顺治二年（1645）改名"保和殿"。乾隆年间重修。在清代，每年除夕、正月十五皇帝在此赐宴外藩，王公，一、二品大臣。乾隆年间开始在此举行殿试，选定状元、榜眼、探花。

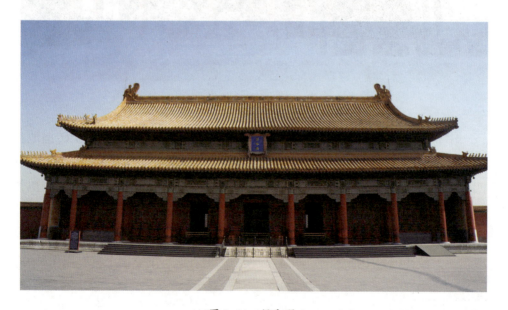
图 3-31 保和殿

保和殿的建筑级别与中和殿相同，高 27 米，面阔九间，进深五间，屋顶上用黄色琉璃瓦，上下屋顶的戗脊位置都放置了 9 个脊兽（图 3-32），建筑面积为 1240 平方米。

保和殿内外檐均为金龙和玺彩绘，殿内铺设金砖，正中一间设有雕镂金漆宝座。东西两梢间为暖阁，隔断上门板为两扇。采用了减柱法，将殿内前檐金柱减去 6 根，这样就使得空间大大增加，舒适感更强。（图 3-33）

图 3-32 保和殿戗脊兽

图 3-33 保和殿室内

紫禁城"后三宫"

后三宫是紫禁城的正寝（图 3-34）。在永乐初建时，只有乾清宫和坤宁宫，两宫之间通过连廊连接。乾清宫的"乾"代表天，坤宁宫的"坤"代表地，天地乾坤体现了严格的封建秩序，寄托着帝王的美好愿望，因此从南京到北京，从明初

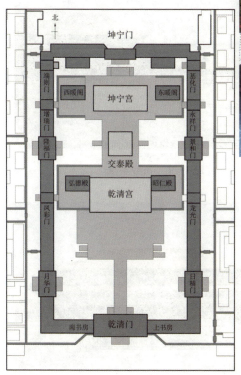

图 3-34 后三宫平面图

113

到清朝一直沿用至今没有改过。嘉靖年间将连接乾清宫与坤宁宫的长廊改建为交泰殿，取自《周易》中"天地交泰"一说，意思是天地交融、关系和谐。

后三宫在建筑规划上，与前三殿的布局相似，但规模都小一些。（图 3-35）

图 3-35　后三宫全景

三个宫殿也建在一个封闭的四合院中，南北两端是乾清门和坤宁门两座宫门，东西开日精门、景和门、月华门、隆福门四个门，其间用"连檐通脊"的廊庑连接，其上开了其他几个供日常出入的便门。

后三宫也建在一个平面呈"土"字形的台基上，台基高 2.86 米。乾清门和乾清宫之间有一条宽 10 米、长 50 米的高起地面的甬道相连，是仿照古代宫殿中的"阁道"。（图 3-36）

乾清宫

乾清宫坐落在单层汉白玉台基之上（图 3-37），

图 3-36　高台甬道

图 3-37　乾清宫

面阔九间，进深五间，高20多米，是后三宫中最大的宫殿。重檐庑殿顶，铺设黄色琉璃瓦，檐下绘金龙和玺彩画，门窗用三交六椀菱花格（即用三根棂条相交，形成六瓣的菱花图案）。殿中明间、次间相同，中间设有金漆宝座，座上高悬顺治亲笔的"正大光明"匾额（图3-38）。殿内外梁枋上绘有金龙，每块天花板上也装饰了金龙图案。

明代的14位皇帝以及清代顺治、康熙两位皇帝以此为寝宫。乾清宫也是明清两代皇帝停放灵柩的地方，无论皇帝死于何处，都要在此停灵。

图3-38 "正大光明"匾额

交泰殿

交泰殿在建筑形式上基本和中和殿相同（图3-39），只是规模略小一些。在清朝，交泰殿是皇后在元旦、千秋（皇后生日）等节庆里接受朝贺的地方。到乾隆以后，这里变成皇帝存放宝印的地方。交泰殿平面为正方形，面阔、进深各为三间，屋顶为黄色琉璃瓦四角攒尖，上有琉璃宝顶，梁枋间绘有龙凤和玺彩画。四面明间开门，三交六椀菱花窗（图3-40），龙凤裙板隔扇门各四扇，南门次间为槛窗。殿内，地面铺设金砖，中间设有宝座，上悬有康熙

图3-39 交泰殿

图3-40 交泰殿三交六椀菱花窗

御书的匾"无为"，顶上有八藻井，内有蟠龙衔珠。

坤宁宫

坤宁宫在三宫中的最北面，建于明代，顺治十二年（1655）重建。（图3-41）面阔九间，但最两边的尽间为穿堂，所以实际是七间。清代将七间正殿的东侧两间作为帝后大婚时的婚房，西五间则按照沈阳故宫的清宁宫格局，改为萨满教①的祭祀场所。祭祀部分的正门开在偏东的一间。窗户在明代时为菱花格，后按东北的防雪要求改为直棂吊窗，窗户纸糊在窗外（现在已改为玻璃）。西侧五间中，西梢间是存放器具的夹室，剩下的四间设有三面环形大炕，是清朝重修坤宁宫时按照满族的生活习惯设置的。（图3-42）

图3-41 坤宁宫

图3-42 坤宁宫室内

故宫的建造距今已经近600年，其间不断维护改造，才使这一伟大的宫殿建筑群保存至今。因为帝王宫殿是一个王朝政权的象征，历代开国君王为了显示新王朝的气势，都会毁去前朝的皇宫。好在还有官方和一些文人的记录，结合现代的考古，我们才能推测出当年的辉煌。朱元璋在元朝统治者败逃后，派工部侍郎肖洵去北京拆毁元大都宫殿。但肖洵看到元大都完整的宫殿时，不忍其拆毁，专门写了一本《故宫遗录》，成为研究元大都宫殿的重要资料。明代的紫禁城最初也是要被拆毁的，但清帝看到巍峨的宫殿后感到拆毁可惜，才得以保留下来，只是重新换上额匾并进行局部修建。

---

① 萨满教是在原始信仰基础上发展起来的一种民间信仰活动，流传于中国东北到西北边疆地区的许多民族中。因为通古斯语称巫师为"萨满"，故得此称谓。

养心殿——清中后期的政治中心

养心殿位于乾清宫西侧,明嘉靖十六年(1537)建造。在明代,此处主要用于炼丹,是皇帝"修仙"的地方。清顺治帝病逝于此处。康熙年间,这里是宫廷造办处,专门制作宫廷御用物品。雍正皇帝即位后曾表示:"乾清宫乃皇考(康熙皇帝)六十一年所御,朕即居住,心实不忍,故居养心殿,守孝二十七日,以尽朕心。"此后养心殿便成为清代皇帝的主要政寝之所,大部分政务都在此进行。

养心殿为一个独立院落,南北长63米,东西宽80米,南北共三进院,占地约5000平方米。(图3-43)第一进由遵义门进,是一个东西狭长的院落。第二进正门为养心门,进养心门就可以看到正殿养心殿,东西两侧有配殿。

正殿前有抱厦①,后有"工"字廊与后殿连接,重檐歇山顶。正殿的明间顶部天花正中为盘龙藻井,下设地平宝座,上悬雍正皇帝御笔匾额"中正仁和"。东暖阁是皇帝休息的地方,同治皇帝即位后,这里成为两宫太后垂帘听政之处。(图3-44)西暖阁被划分成两个部分:南侧为三希堂(图3-45),相当于书房;北侧为佛堂,可

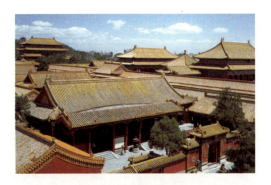

图3-43 养心殿建筑群

图3-44 东暖阁垂帘听政

图3-45 三希堂

---

① 抱厦:清以前叫"龟头屋",是指在原建筑之前或之后接建出来的小房子。

以通向西侧的梅坞。后殿是皇帝的寝宫,东西两侧耳房分别为体顺堂、燕喜堂。

院子南侧,东西两角有门可通向东、西围房。院子北侧,东西角有门可以通向体顺堂和燕喜堂的前院。

东、西六宫——嫔妃们的居所

紧邻后三宫的东西两侧,有12座方正的院落,这里就是后宫嫔妃居住的东、西六宫。东、西六宫占地面积约为3万平方米,由纵横交错的巷道分隔,由封闭的宫墙和院门围合成各自独立的空间(图3-46)。清代有规定:皇后居中宫,主内治;皇贵妃1名,贵妃2名,妃4名,嫔6名,东、西六宫的首位为嫔及嫔以上,协助皇后治理后宫。

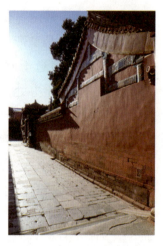

图3-46 宫墙

清雍正皇帝移居养心殿以后,皇后也选择东、西六宫其中的一宫居住。

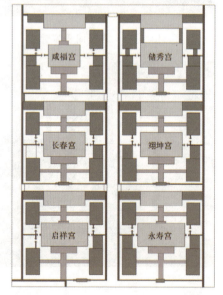

图3-47 西六宫建筑格局变化

因为各种原因,东、西六宫的建筑及格局在清后期发生了一些细微的变化(图3-47)。

清王朝开始的地方——沈阳故宫

沈阳故宫,原称"盛京宫阙",又称"后金故宫""盛京皇宫"。始建于后金天命十年(1625),崇德元年(1636)建成。清顺治元年(1644),清世祖爱新觉罗·福临在此称帝。清军入关后,改此处为"奉天行宫",并对其进行了保护和扩建,乾隆时期基本形成现在的模样。

沈阳故宫占地6万多平方米,有房屋300余间,古建筑114座。布局上也分为中、东、西三个部分,它的平面如一个川字。(图3-48)

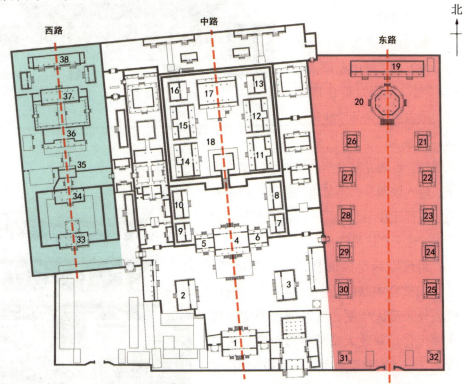

中路:1.大清门;2.翔凤阁;3.飞龙阁;4.崇政殿;5.右翊门;6.左翊门;7.日华楼;8.师善斋;9.霞绮楼;10.协中斋;11.衍庆宫;12.关雎宫;13.配宫;14.永福宫;15.麟趾宫;16.配宫;17.清宁宫;18.凤凰楼。
东路:19.銮驾库;20.大政殿;21.左翼王亭;22.镶黄旗亭;23.正白旗亭;24.镶白旗亭;25.正蓝旗亭;26.右翼王亭;27.正黄旗亭;28.正红旗亭;29.镶红旗亭;30.镶蓝旗亭;31.奏乐亭;32.奏乐亭。
西路:33.戏台;34.嘉荫堂;35.宫门;36.文溯阁;37.仰熙斋;38.九间殿。

图3-48 沈阳故宫总平面图

建构华夏

中路称为"大内宫殿",布局遵循"前朝后寝"制度。前面崇政殿是皇太极处理军机政务、接待使臣宾客的地方。殿前为大清门(图3-49),左右有飞龙、翔凤二阁和廊庑对峙。殿后为凤凰楼,凤凰楼后为寝宫,以清宁宫为主,两旁有关雎宫、永福宫、麟趾宫和衍庆宫等宫殿建筑。

崇政殿(图3-50)规格为开间五间,硬山屋顶,殿前有廊。屋顶为黄色琉璃瓦,殿内梁架全部绘和玺彩画,富丽堂皇。室内立金龙蟠柱,设雕龙贴金扇面大屏风及皇位宝座。跨入该殿堂,不禁肃然起敬。清军入关,首都迁移至北京后,历代帝王东巡的时候,也会在这里临朝听政。

崇政殿后是凤凰楼,原名翔凤楼,是沈阳故宫中路的后院,为清宁宫的门楼。外表高大华丽,当时的皇帝常在这座楼上讨论军政大事或宴请宾客。凤凰楼高3层,高耸于台基之上,歇山屋顶。深宽各为三间,四周有围廊,屋顶铺有黄色琉璃。(图3-51)

东路是努尔哈赤时期形成的一组宫殿建筑群,是沈阳故宫中独具风格的部

图 3-49 大清门

图 3-50 崇政殿

图 3-51 凤凰楼

分，其布局与中原传统建筑的层层院落方式大不相同。东路的北部正中是一座八角形的大政殿（图3-52）。大政殿居中，两旁各列五个亭子，称为"十王亭"，为八旗大臣和左、右翼王办公议事的地方。

西路为乾隆时期所建，主要有文溯阁（图3-53）、仰熙斋、嘉荫堂和戏台，是收藏《四库全书》和清帝来盛京（沈阳）时读书、看戏的场所。

东路以大政殿为主体，中路以崇政殿为主体，西路以文溯阁为主体。

沈阳故宫的建筑，不仅在建筑布局上有其特点，而且在彩绘、雕刻方面都有浓郁的地方特色，

图3-52　大政殿

图3-53　文溯阁

迥异于北京紫禁城。沈阳故宫在建筑艺术上承袭了中国古代建筑的传统，集汉、满、蒙等多民族的建筑艺术于一身，具有很高的历史价值和艺术价值。

贰　帝王的赏欣之道——苑囿

"苑囿"一词让大部分人感到陌生，大家更熟知的是"园林"。步移景异、

意境悠远的园林艺术，是中国建筑的瑰宝。但园林从何而来，如何发展到现在的样子，却很少被人知晓。园林起源于苑囿，它原本只是作为苑囿中的一个功能而存在，供人休憩赏玩。和现在我们熟悉的园林不同，苑囿规模都很大，可在其中进行各种活动，如起居、骑射、宴游、祭祀，甚至是开朝理政。因此，苑囿是一个多功能综合体，视帝王的需求而建设，从西汉的上林苑到清代的圆明园都是如此。

苑囿的演变

苑囿的发展过程也是苑囿园林化的过程。在这个过程中，苑囿从粗放型简单布局的"囿"，发展成独具设计理念被世人赞叹的精美园林，其中融合着世代能工巧匠的智慧，也反映了统治阶级的统治需求和对生活享受的追求。

出现：为统治需要而产生

奴隶社会产生后，各部族的统治者和帝王为了政治需要进行"巡猎"。这种巡猎，其实是统治者炫耀武力的手段，以此震慑四方、维护国家统一。起初，这种巡猎活动，只在猎物比较集中的地域进行，并没有划定专门的范围，以自然条件为主，很少有人工设施。

大约在公元前12世纪，殷朝"帝""王"在离帝都较近的风景秀美、物种丰富的地方，专门设了种植刍秣（chú mò）①、圈养动物的"囿"，并派专人经营管理。《史记》中记载了纣王"厚赋税以实鹿台之钱，而盈钜桥之粟。益收狗马奇物……益广沙丘苑台，多取野兽蜚鸟置其中……乐戏于沙丘……"可见，帝王已经开始有意地设计"囿"，在其中增设殿寝屋宇，人工成分增加，享乐的功能增加，变成帝王"乐戏"的重要场所。

雏形：为宫殿增添色彩

到了秦汉，"囿"开始与宫殿结合，引进到城市中，作为宫殿群的一部分存在。咸阳宫、长乐宫、未央宫和建章宫（图3-54），其实都是方圆几十里的大宫城，里面有几十个宫殿，饲养动物的各种"圈""馆"也分散在宫城中。从汉朝开始，"囿"的称呼被改为"苑"或"苑囿"。苑囿内的建筑由最早的

---

① 刍秣：草料，牛马的饲料。

"台""观"发展为楼、阁、亭、廊、榭等多种形式。

城市的发展使得人们逐渐远离自然环境,而"苑囿"的城市化,使得其中的自然景色部分严重缺失。而身居高墙之内的统治者,为了改变宫城之内单调的环境,通过模仿自然来寻乐。但这个时期的苑囿布置,并无一定的规划,重点还是宫殿的建设。建筑山水的安排随意且生硬,花草树木的种植也无章法。

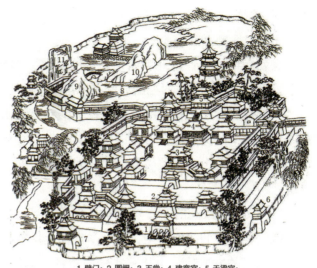

1. 壁门;2. 圆阙;3. 玉堂;4. 建章宫;5. 天梁宫;
6. 双凤阙;7. 神明台;8. 太液池;9. 蓬莱山;10. 瀛洲山

图 3-54　汉建章宫图①(《四库全书·陕西通志》卷)

"巡猎"依然是这个时期帝王重要的活动,"苑囿"也常常选在一些政治军事重地。因此,在宫殿中的苑囿里也会设计供军事训练使用的设施。如汉代的上林苑(图 3-55)和昆明池,最初是用于狩猎和习水战的,后来昆明池

图 3-55　[明]汉武帝上林出猎图——局部(台湾历史博物馆藏)

---

① 隋唐时期以主宫殿名称命名整个宫殿群。

才演变为游娱之湖。

发展：再现自然山水

汉朝后期和魏晋南北朝时期，社会动荡，却是个思想活跃自由的年代，极富艺术创造力。这个时期的苑囿有以下两大特点。

一是注重游娱和赏景的作用。社会的动荡和当时出行的不便，使得帝王们更想将天下的美景放在自己的身边，供自己享乐，为此不惜投入巨资。殿宇楼阁、叠石造山、凿池引泉、莳花栽树，苑囿的设计注重改造自然、仿写自然。

二是文学、绘画的发展与造园技术的结合。文人雅士对自然山水的向往，大量地体现在他们的作品中，在文学创作上用意境概括自然景物的美，在绘画上山水画的发展趋势也从写实转向写意。他们为了展现自己的生活品位，也将这种山水意境融合在造园技术中，使园林设计富有诗情画意之美。

建康，也称建邺，今天的南京市，是六朝时代的都城，其周边有大量的皇家苑囿。三国时期的孙吴就曾在这一带开建大型苑囿，土山楼观华美异常；东晋时的当权者又于南郊建新宫永安宫等；宋文帝建冬宫，筑北堤，乐游苑，元武湖筑华林园，元武湖内有方丈、蓬莱、瀛洲三座神山；南齐明帝建芳乐苑，山石皆涂饰五色……其他园林，林林总总，不下30座。如此大量营造，极大地推进了苑囿建造技术和设计的进步。

成熟：巧于因借，写意自然

在汉代雏形的基础上，经过东汉、魏晋南北朝再到唐宋，苑囿的设计受到了多地区多文化的影响。强大而统一的国家，随着生产力的提高、经济的发展，人们的物质生活丰富了，文化艺术也处于历史的高峰期，这为造园活动提供了雄厚的物质基础和文化基础。同时，这段时期的统治者也大多骄奢淫逸、贪图享乐，兴建宫苑日盛。

隋炀帝的西苑以人工水系为主要脉络，院落临水坐落，整个西苑因水而活。唐代的华清宫，原是秦始皇建造的"骊山汤"，是集温泉水造池、结合骊山的地势环山建楼阁所形成的宫城。在宋代汴京城东北营造的"寿山艮岳"，也称"艮岳""寿岳"（图3-56），其设计者就是擅长书画的宋徽宗本人。徽宗以山水画构图立意，再按照他的画，度地施工。设计上山水秀美，林木

第三章 权力的象征——皇家建筑

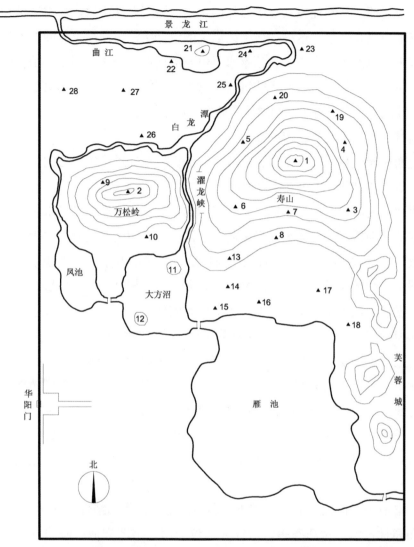

1. 介亭；2. 巢云亭；3. 极目亭；4. 萧森亭；5. 麓云亭；6. 半山亭；7. 绛霄亭；8. 龙吟堂；9. 倚翠楼；10. 巢凤堂；11. 芦渚；12. 梅渚；13. 揽秀轩；14. 萼绿华堂；15. 承岚亭；16. 昆云亭；17. 书馆；18. 八仙馆；19. 凝观亭；20. 山亭；21. 蓬壶；22. 老君洞；23. 萧闲馆；24. 漱玉轩；25. 高阳酒肆；26. 胜筠庵；27. 药寮；28. 西庄

图 3-56 艮岳平面设想图

畅茂，叠石树峰，又有宫殿亭阁，高低错落，叠山凿池，堪称唐宋时期中国古典园林的代表作，可惜已在战火中夷为平地。艮岳中最有名的就是它大量使用的太湖石，也就是《水浒传》中写到的"花石纲"。

这个时期的苑囿建设从模仿自然山水走向写意自然山水。注重选址和因地制宜地取景和造景，这种"巧于因借"的设计手法，使皇家苑囿的设计多样化起来。苑囿的营造技术和艺术水平也发展迅速，叠山、理水、植物的配置和建筑的布局都取得了巨大的进步。这个时期的苑囿既继承了秦汉时期壮阔的设计风格，又引进了民间园林的精致手法。

鼎盛：集众家之长，影响深远

苑囿在元代并无大的发展，它最主要的贡献是促进了东西方的文化艺术交流，丰富了建筑形式和设计元素。

明朝制度严苛、思想禁锢，园林建设的发展在明早期受到了限制，一直到明中期才随着经济的繁荣又兴盛起来。清代在元明两代的基础之上，在北京附近设置苑囿有10余处，有些是我们现在熟悉的北京名胜古迹，如颐和园、圆明园和承德避暑山庄等。皇家园林多与离宫相结合，规模宏大，筑山理水，设有大量仿意山水园林的景点，建筑宏伟、富丽堂皇。经过了长时期的技术和财富的积累，苑囿的建造达到了登峰造极的水平。

古代中国的建造业注重"技"的传承，忽略理论的研究。虽然在许多诗词歌赋中有过描述园林的片段，但直到明末才出现了中国第一部园林理论的专著《园冶》，也是中国古代留存下来的唯一一部园林著作，全书共三卷，分为兴造论和园说两部分，其中园说又分为相地、立基、屋宇、装折、门窗、墙垣、铺地、掇山、选石和借景10个篇章。《园冶》的作者计成，是明代杰出的造园艺术家，常州吴玄的东第园、仪征汪士衡的寤园和扬州郑元勋的影园便出自他手。他擅长书画又游历了名山大川，其作品结合了文学、艺术、民俗和园林技术，精巧秀美。后经人建议他用文字图样把造园的方法记述成书，先取名《园牧》，后改为《园冶》。该书不但影响中国，而且传播到日本和西欧，成为传世经典。

清时期的苑囿面积大，以自然山水为依托改造而成，多会巧用条件、因地制宜，形成其特色。如圆明园利用西山泉水造水景和小岛，设置亭台楼阁；颐和园以万寿山和昆明湖为依托，依山造势，形成层层抬高的台地景观；承德避暑山庄又以山林景色为主，绿意荫映。清代帝王想集仿各地名园胜景于园中，所以将整个苑囿划分为多个区域，再在每个区域中布置景点或

"园""苑",形成园中园。但由于苑囿的规模过大,各个宫、院周围的绿化只能以群植或成林布置为主,无法像南方园林做得那么精致。

这个时期的皇家园林,集众家之长,既继承了传统苑囿的特点,又吸收了私家园林的精华,甚至吸收了外国园林和建筑的风格,同时也让中国园林艺术走出国门、走向世界。中国园林作为一个完整的独立体系在世界上被承认,和这个时期的园林建设有极大的关系。

为皇家服务

苑囿,主要服务于皇家,这就决定了它有很多独特性。

繁多的功能需求

皇家苑囿从广义上来讲就是一个综合体,它用扩大了的人工环境囊括了皇帝来此所需要的一切功能。一般分为以下两大部分。

一部分是专供皇帝和皇室成员起居使用。承载这些功能的宫殿和庭院是整个苑囿的核心,一般设在离苑囿正门最近的区域,交通方便,使用便捷,也常被用于处理朝政、宴请群臣、接见外宾等。有的还放置了庙宇,以彰显帝王对信仰的重视。

另一部分是游娱功能。这些功能围绕着第一部分设置,分布在苑囿的外围。根据所处位置和要求的不同,有些依然保留古"囿"的功能(巡猎、畜养、种植),和园林功能共同组成苑囿,有些则摒弃古"囿"的功能以园林为主。无论功能如何配置,都是以服务皇室的宴饮、游玩、娱乐为出发点。

皇家苑囿不仅有重要的政治、军事和赏娱功能,在特定时期,还会根据需要兼备其他重要的功用。

苑囿本身就具有一定的经济作用。耕种、林业、畜养都是"囿"最原始的功能,它们能够为社会生产提供一定的补充,减少官廷的开支。有时甚至还有手工生产等功能,主要为皇室服务,如圆明园中的活计库等。清朝的苑囿里还有修书和出版书的机构,如畅春园的蒙养斋、熙春园的集成馆和圆明园的文源阁等。这些机构一方面能够为宫廷的需求服务,另一方面还能为皇室创收。

有些苑囿还有保护生态和国家资源的作用。汉代的昆明池,据说就有一定的城市供水调节功能。苑囿中的动植物，由于归皇家所有，得以免受肆意猎杀和采摘。皇室会设专人和机构，为苑囿培育植物、饲养动物，其中不乏珍稀物种。虽然这些都是为皇室享乐服务的，但却在一定程度上保护了这些生物资源和自然资源。另外，若遇上灾荒之年，苑囿中的田地、林地和池水，还会被借给或赏赐给平民使用，起到减灾赈灾、救济百姓的作用。

超出需要的庞大规模

古"囿"范围动辄几十里，甚至上百里，但只是粗放型的圈地。到了后期，因为人力物力的充实，建造范围依然很大，并开始注重因地制宜地发挥原有自然条件的特色，在改造原有景观的基础上，增设建筑和其他人工设施，并将大量精美的楼台亭阁有规划地建于其中。

由于苑囿的范围广大，人力改造有限，所以大体上会先选择一定的自然条件作为苑囿的基础，人工填丘成山、挖湖为海；然后再在全国范围内采购大量精美山石、奇花异草，配合建筑物、构筑物的布置和形象进行组合，创建符合园林立意的景观。这个时期的民间园林发展迅速，皇家园林也借鉴了其手法，将各地域、民族的特色都融入其中，甚至为了追求意境，降格采用民间建筑的形式和材料。

苑囿中的建筑不似宫殿那样要求严谨肃穆，为了配合景色的意境，也常常设计得更加优美灵动，宫、楼、阁、亭、榭、台、廊、塔等，品类繁多，样式各异。而木构造形式的进步，砖、瓦、石材等建材的大量制造，运输和施工技术的日益进步，建筑装修装饰图样和色彩的不断丰富，都为苑囿中的建筑形式创新提供了必要的条件。如果说皇家宫殿展现了中国"大式"古建最高水平，那么苑囿则是集合了"大式"和"小式"，将中国古建的精华都融合其中。

精湛的造园技术

从苑囿整体的布局来看，艺术化的景观所占比例在不断增大。无论是从自然山水中学到的手法，还是文人雅士所追求的意境，抑或民间园林的经验，都在皇家苑囿中有所体现。或追求山河壮阔，或追求精巧灵动一隅，苑囿都以巧妙的手法包容其中，既符合帝王的统治思想，也满足其享乐的意图。所以才有后来的帝王们热爱苑囿胜过宫城的趋势，也使得苑囿发展迅速。

景观组织日趋登峰造极。"虽由人作，宛自天开"是造园所要达到的艺术效果，也是评价园林成功的重要标准之一。"人作"是指人造，"天开"是指自然风景。苑囿的工匠通过对自然元素的观察和研究，模仿其意境，造出一处又一处景观，让它们互相映衬，形成灵动的观赏路线，达到步移景异的效果。

建筑与景观有机结合。明清时代的苑囿是"园"中有"屋"，"屋"中有"园"。布置在苑囿中的大多数建筑是供赏景、游玩的亭台楼阁，它们的位置、形象、配置方式都以景观的立意为出发点。

中国的建造业，在以"技"传授的阶段，都能结合地域和时代文化审美展现出蓬勃的生命力，而"理论"形成后，就容易趋于教条和僵化拘谨。苑囿到了明清时期，虽然设计手法高度成熟，但也出现了失去创造性和个性的趋势。

苑囿的分类

皇家苑囿，顾名思义，是属于皇帝个人及皇室私有，古籍里称为"苑""苑囿""宫苑""御苑""皇家园林"等的建筑，都可以归于此类型。总的来说，中国皇家苑囿有"大内御苑"、"行宫御苑"和"离宫御苑"之分。

大内御苑建置在皇城或宫城之内，是皇帝的宅园，也有个别建置在皇城以外、都城以内。行宫御苑和离宫御苑建置在都城近郊、远郊的风景地带。前者供皇帝游憩或驻跸之用，后者则是可供皇帝长期居住、处理朝政的地方，相当于一处与大内联系着的政治中心。此外，在皇帝巡察外地需要经常驻扎的地方，也会视其驻扎时间的长短而建置离宫御苑或行宫御苑，通常把行宫御苑和离宫御苑统称为"离宫别馆"。

我们现在能看到的苑囿多是清代的，之前的苑囿或被清朝的帝王再建加以利用，或消失于时代的变迁中，无法再见。清代的苑囿是中国苑囿的顶峰，集历代苑囿之大成。

深宫锁红杏——御花园

御花园，明代时被称为"宫后苑"，位于紫禁城中轴线的末端，位于后三宫的北面。符合"后寝"中"前宫后苑"的布局（图 3-57）。整个园区呈方形，南北深 80 多米，东西宽约 40 米，于明成祖永乐十五年（1417）初建，清代在其基础上做过一些修缮后保存至今。御花园是紫禁城中最大的一座花园，供帝王和后妃休息娱乐，每逢重大的节庆也会在此举行宴会。

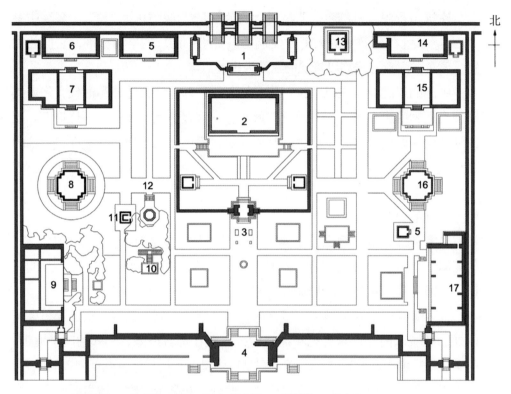

1. 承光门；2. 钦安殿；3. 天一门；4. 坤宁门；5. 延晖阁；6. 位育斋；
7. 澄瑞亭；8. 千秋亭；9. 养性斋；10. 鹿囿；11. 井亭；12. 四神祠；
13. 御景亭；14. 摛藻堂；15. 浮碧亭 16. 万春亭 17. 绛雪轩

图 3-57　御花园平面图

御花园的整体布局

御花园的南墙正中是坤宁门，与后三宫的坤宁宫正对；御花园的东南角有琼苑东门，西南角有琼苑西门，与东、西六宫相通。分别从这三个门进去正好可以参观御花园中的中、东、西三路景观。

整个庭院以钦安殿为中心，和紫禁城的布置一样，有一条中轴线穿过其中。殿前左右有万春亭与千秋亭、绛雪轩与养性斋两两相对，殿后有御景亭和延晖阁遥相呼应。这些建筑配以景物在其两侧各布置一条路线，左右对称，形成中、东、西三路景观。

御花园的中轴线

中轴线上从南到北是坤宁门、天一门、钦安殿和承光门。

天一门（图3-58）主体由青砖砌成，墙体涂白色，正中单洞券门①，内装双扇朱漆大门，门上纵横镶嵌着九路铜鎏金门钉②。墙上为歇山顶，铺黄色琉璃瓦，檐下是仿木结构绿色琉璃件。两侧出琉璃影壁与院墙相连，是钦安殿院落的正门。天一门是紫禁城中少见的青砖建筑，有防火的功用。

图3-58 御花园天一门

钦安殿（图3-59）位于中轴偏北，建于明永乐年间。嘉靖十四年（1535）加建墙垣后，成为御花园中的独立院落。钦安殿坐落在单层汉白玉须弥座上，殿前出月台，周围以穿花龙纹汉白玉石栏杆围合，龙凤望柱柱头，殿后正中一块栏板为双龙戏水纹。月台前出丹陛，东西两侧都出台阶。钦安殿面朝南，面阔五间，进深三间，重檐盝顶（参见

图3-59 御花园钦安殿

---

① 券门：用砖或石砌筑的拱门。
② 九路铜鎏金门钉：横竖各九排的涂有金汞剂的铜质门钉。

P18 图1—21），上铺黄色琉璃瓦，中顶处安放的是渗金宝瓶。殿内供奉真武大帝[①]以保佑故宫免遭火灾。

承光门为一开间门墙，顶上是庑殿式顶，铺黄色琉璃瓦；中间开双扇大门，门上饰有81颗门钉；左右两侧分别接有带檐琉璃顶矮墙（图3—60），与延和门、集福门相连。

御花园东路和西路

进入琼苑东路到延和门，是御花园的东路。其间有绛雪轩、万春亭，再向北有方形的水池，上有跨桥亭——浮碧亭，再向北是面阔五间的摛藻堂。园中最具特色的是摛藻堂西侧由一片太湖石倚墙堆叠的"堆秀山"（图3—61）。山下有洞穴，左右有通道，山顶建小四方亭——御景亭，亭内设宝座，可登临眺望紫禁城。山上有蓄水池，以"水法"[②]，引水下山，从石蟠龙口喷出。

图3—60 御花园承光门

从琼苑西路到集福门是御花园的西路。进入后有养性斋（明为乐志斋），其北是一座假山；再向北是千秋亭，之后是与东路完全相同的方形水池，及跨桥亭——澄瑞亭；走过水池到达北墙下的位育斋，向东走是延晖阁，最后走到集福门。

东西两路的建筑造型有所不同，但都是左右对称布局。花园南端东西两边为绛雪轩和养性斋。两座建筑形式上一凹一凸，色彩上一红一绿，殿前所种植物正好是相反的一绿一红，互相对应。钦安殿东西两侧是万春亭和千秋

图3—61 御花园堆秀山

[①] 真武大帝：又称"玄天上帝""玄武大帝""无量祖师"等，是汉族神话传说中的北方之神，北方在阴阳五行中属水，故也被称为"水神"。
[②] 水法：来源于西方的喷泉，清代人认为是使用机械或者人力用水变戏法，因得此名。

亭（图 3-62），都是重檐攒尖顶的多面亭，上圆下方，四周出抱厦。

御花园是一处以建筑物为主体的宫廷式苑囿，共有20多座类型多样的建筑，约占御花园总面积的1/3，山池花木只是建筑的陪衬和庭院的点缀。为了与周边的宫殿相映和谐，御花园在布局上保留了庭院的设置模式，建筑、景点的布置采用主次相辅、左右对称的格局。园内既有名花异草也有苍松翠柏、假山秀石，是紫禁城宫殿群中难得的游娱之处，但为配合紫禁城的气质，整体布局略显呆板，皇气多，灵气少。

图 3-62　御花园千秋亭

湖光山色——颐和园

颐和园原是行宫苑囿，叫"清漪园"，位于北京的西北郊外。乾隆年间，利用瓮山兴建清漪园，以此为中心把周围有200年历史的四个园子连成一体，形成了现在从清华园到香山，跨度为20千米的皇家苑囿区。后历经损毁和修复，于光绪十二年（1886）开始重建，光绪十四年（1888）慈禧挪用海军军费（利用海军军费的名义筹集的经费）修复此园，改名为"颐和园"，寓意"颐养太和"。光绪二十一年（1895）工程结束。（图 3-63）

颐和园的整体布局

整个园区是以昆明湖、万寿山为基址，以杭州西湖为范本来建造的。整个设计以佛香阁为中心，沿着湖水和景观走向布置其他建筑，再利用江南园林的手法和意境，让山和水的关系、湖堤的走向和周围环境的关系都与西湖神似。将远处的西山和玉泉山峰纳入眼帘，景色层次丰富，美不胜收。

全园占地290公顷（290万平方米），其中水面占约七成。万寿山东西长

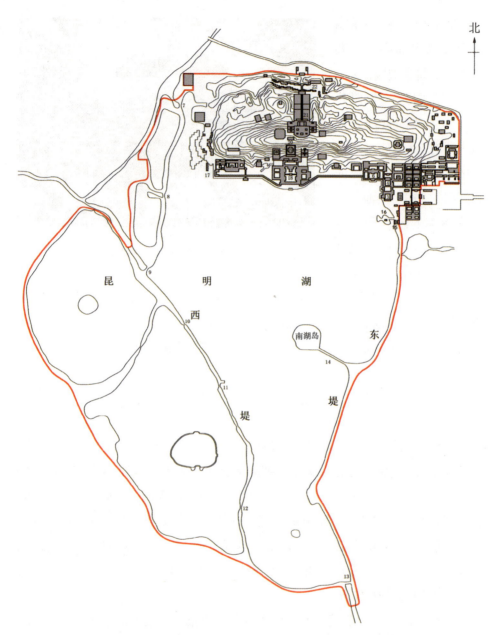

1. 东宫门；2. 仁寿殿；3. 玉澜堂；4. 宜芸馆；5. 德和园；6. 乐寿堂；7. 界湖桥；8. 豳风桥；9. 玉带桥；10. 镜桥；11. 练桥；12. 柳桥；13. 绣漪桥；14. 十七孔桥；15. 文昌阁；16. 知春亭；17. 清晏舫；18. 排云殿；19. 佛香阁；20. 智慧海；21. 须弥灵境；22. 苏州街

图 3-63 颐和园平面图

约千米,山高出水面约 60 米。昆明湖南北长约 2000 米,东西最宽处 1600 米,是清代皇家苑囿中最大的水体。万寿山在整个园区的北部,是建筑和营造景致的主要载体。全园主要分为宫殿区和苑囿区。

宫殿区

宫殿区在万寿山的东南方山脚下。皇家苑囿的建筑布局都遵循"前宫后苑"的规则,因此宫殿区布置靠近园区的正门——东宫门。宫殿区的布置也遵循"前朝后寝",前朝主要用来接见朝臣和处理朝政,后寝主要用来居住。整个宫殿区是由殿堂、朝房及配房等组成的多进院落群,占地面积不大,在园区中相对独立,与广阔的苑囿区之间,既联系又分隔。其主要建筑由仁寿殿(勤政殿)、玉澜堂、宜芸馆、乐寿堂和德和园等建筑群组成。

东宫门坐西朝东,进入后是一座牌坊式门楼——仁寿门。两门之间院落的南北两侧配殿为九卿房,是九卿六部的内值班房。进入仁寿门,就是仁寿殿(图 3-64),建筑坐西朝东,面阔七间,卷棚灰瓦坡顶,是皇帝处理朝政的地方。仁寿殿与南北配殿一起组成长方形院落。

图 3-64　颐和园仁寿殿

玉澜堂,位于仁寿殿正后方,是一座临湖的四合院建筑。正殿玉澜堂坐北朝南,东配殿霞芳室,西配殿藕香榭。玉澜堂是光绪皇帝后来被囚禁的地方。宜芸馆位于玉澜堂北侧,是皇后居住的地方。再向西北走,到昆明湖东北岸,是慈禧太后的寝宫乐寿堂,"乐""寿"二字取自《论语》中的"知者乐,仁者寿"。乐寿堂正堂坐北朝南,面阔七间。

苑囿区

苑囿区又分昆明湖区、前山区、后山后湖区。

135

苑囿区——昆明湖区

昆明湖区，主要指万寿山南山脚下湖缘以南的大片区域。（图3-65）湖中有一道长堤名为西堤。西堤自西北向南，将湖面划分为三个大小不等的水域，每个水域中心各有一个湖心岛，象征着东海的三座神山——蓬莱、方丈、瀛洲。西堤上共有六座桥，仿照的是杭州西湖的苏堤和"苏堤六桥"。这风格迥异的六桥分别是：界湖桥、豳风桥、玉带桥、镜桥、练桥、柳桥。其中，玉带桥（图3-66）用大

图3-65　颐和园昆明湖

图3-66　颐和园玉带桥

理石和汉白玉雕砌而成，因桥拱高而薄，形如玉带而得名。

> **昆明湖上的两座"玉带桥"**
>
> 在整个昆明湖的最南端，西堤与东堤连接的起点还有一座绣漪桥。玉带桥与绣漪桥在整体造型上出奇地一致，极易被弄混。除了位置不同，两座桥唯一的区别就是凭栏上的立柱数量不同。玉带桥从拱最高点到凭栏外扩的立柱为11根，凭栏外扩部分的立柱为3根。而绣漪桥分别是12根和4根。

昆明湖区的主要建筑都集中在三个岛上，其中以南湖岛最大，建筑也最

多。它位于昆明湖东南部,整个岛呈圆形,占地1公顷多(1万多平方米),与万寿山遥遥相望。岛周围用条石砌岸,以青白石雕刻护栏。岛的北部有叠石假山,上建有涵虚堂和岚翠间,是岛上的主体建筑。另外岛上还有龙王庙、鉴远堂、澹会轩、月波楼、云香阁等,均为毁后重建。

岛的东南部是著名的十七孔桥(图3-67),是连接东岸廓如亭和南湖岛的一座长桥,桥长150米,宽8米,由17个拱券组成。此桥建于乾隆年间,仿照北京的卢沟桥和苏州的宝带桥建造,桥的望柱上有544只神态不同的石狮子,非常有趣。

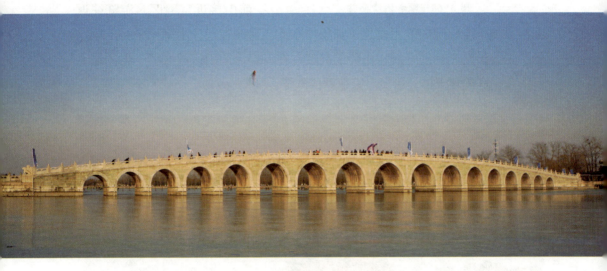

图3-67 颐和园十七孔桥

其余的建筑还有知春亭、文昌阁和清晏舫。知春亭位于东堤西面的一个小岛上,四面临水,是观赏颐和园全景的最佳地点。文昌阁与知春亭相邻,是一个城关式建筑[①],供奉文昌帝。清晏舫又称"石舫",位于昆明湖北堤建筑群的最西端,长36米,由大理石雕砌而成,石舫仿造西洋楼阁,并配上了彩色玻璃。(图3-68)

---

① 城关式建筑:与城门楼相近,下面为独立的方形城墙并开有前后贯通的门洞,上面建有单层或多层房屋。

图3-68 颐和园清晏舫

苑囿区——前山区

对于封闭的宫殿区来说，万寿山的前山（南麓）南邻昆明湖，形成一个极开阔的景观。万寿山的前山是赏湖的绝佳地，湖、堤、岛和园外的借景，都能随着山势的变化展现不同的美感，而且前山接近宫殿区，游览往返都很方便，所以院内的主要建筑都集中在此。造园在设计上采用了突出重点的手法，借助湖面的开阔和山势的高度，在万寿山前山区放置了一组体量大且形象丰富的建筑群，彰显皇家苑囿的气势。（图3-69）

图3-69 颐和园万寿山前山区建筑群

如同宫殿一样，前山区的建筑也有三路轴线。从湖岸旁的牌楼开始，依次有天王殿、排云殿、多宝殿、佛香阁、智慧海，两旁有配殿和爬山廊、石阶梯等，共同组成前山区中轴线的主体建筑群。东轴线上有转轮藏、慈福楼，西轴线上有宝云阁、罗汉堂。三路上的建筑主体均为大式建筑，色彩浓烈，形象庄严，且与园区其他建筑不同，只有轴线上的屋顶使用了黄色琉璃瓦，包括后山的中轴线上的建筑，而两侧的建筑均为绿色琉璃瓦，一方面是作为次要建筑的降级，一方面是弥补冬季观景时绿色不足。

排云殿 位于前山区中轴线的前端，为重檐歇山顶。以排云殿为中心，由排云门、玉华殿、云锦殿、二宫门、芳辉殿、紫霄殿、排云殿、德辉殿及连通各座殿堂的游廊、配房组成，是颐和园中最壮观的建筑群。从远处望去，排云殿与牌楼、排云门、金水桥、二宫门连成了一条层层升高的直线。（图3-70）

图 3-70　颐和园排云殿

佛香阁 是前山区中轴线上建筑群的中心。建于依山砌筑的高达21米的方形石台上，阁高36米，为八面三层四重檐楼阁建筑，阁内有8根巨大的铁梨木擎天柱直贯顶部。屋顶为攒尖顶，上置宝顶，总高超过了山巅高度。建筑整体雄伟壮观，是院中建筑的统领，也是整个颐和园的构图中心。（图3-71）

智慧海 位于万寿山之巅，是前山区中轴线的末端。智慧海是一座两层仿木砖石结构的殿阁，由纵横相同的拱券结构组成，拱顶全用砖石砌成，没有

图 3-71　颐和园佛香阁

一根支撑物，因而又称为"无梁殿"。该殿通体用五色琉璃瓦装饰，殿外墙壁上饰有琉璃佛像1008座。（图3-72）

苑囿区——后山后湖区

后山包括了万寿山后山及后湖，约占全园的十分之一，景观与前山完全不同。此处山势起伏较大，建筑较少，树木林立，山道崎岖，景色幽深，富有山林野趣。除了中部的佛寺"须弥灵境"，大部分是小体量建筑，与周围环境相融，散布在后山的各处。

须弥灵境（图3-73）建筑群坐南朝北。北半部自北向南，依次为寺前广场、配殿和大雄宝殿；南半部为藏汉混合风格建筑，建在一个10米高的大红台上。居中是香岩宗印之阁以及环列于其周围的四大部洲殿、八小部洲殿、日殿、月殿、四色塔等。向北山脚下有三孔石

图3-72 颐和园智慧海

图3-73 颐和园须弥灵境（上图：香岩宗印之阁，下图：东南区建筑群）

桥横跨后湖中段,直通北山门,形成了后山的中轴线,是前山中轴线的延续。

后湖的河道蜿蜒于后山的山脚下和北宫墙之间,原本空间局促,但通过在宫墙内堆筑假山,竟巧妙地与万寿山的北边形成了"两山夹一水"的景观空间。这段水域长约千米,水面时宽时窄,富有节奏感,将后湖区划分为六段,增加了景观的丰富性。

后湖的中段,模仿苏州水乡"以水当街、以岸为市"的商业街道,名叫"苏州街"(图3-74)。苏州街全长约270米,行业齐全,有店铺数十家,建筑风格以北京常见的本地市肆为范本。每当皇帝莅临时,太监、宫女就会假扮店家和客人,让皇帝体验民间的生活。

图3-74 颐和园苏州街

颐和园集中了中国苑囿的精华,容纳了不同地区的园林风格,将深宫、雅趣、俗市三种不同的气象结合得天衣无缝,是一座多重性格的皇家苑囿。

叁 敬神祭祖——祭祀建筑

祭祀,是指人们在特定场所,借助特定物品和形式,向特定对象表达情感和意愿的行为。这里的特定场所,指的是祭坛、神庙等祭祀建筑。与国外的宗教性祭祀不同,中国的祭祀尤其是皇家的祭祀,更看重社会意义和礼教思想。帝王的祭祀是为了展现皇家威仪、教化民众、维护统治,同时对统治者的教育和自省也有着重要意义,是古代中国最重要的社会活动之一,祭祀建筑也一直是皇家建筑中的重要组成部分。祭祀建筑在中国的历史最为悠久,在阶级出现之前就存在，历朝统治者都必会修建，因此也成为所在时代的代表性建筑。

祭祀建筑的前世今生

中国的祭祀文化起源很早。最初在部落氏族时期，祭祀的对象是天地万物、神明图腾，是一种宗教性的祭祀，多在室外搭建祭坛以便和倾诉对象进行直接交流；后来随着对祖先的神化和对神明的人格化，专门用于祭祀的房屋出现。这两种建筑物，前者演变成了坛，后者演变成了庙、明堂等建筑物。随着社会的发展，大型祭祀建筑的使用权都被统治者垄断，它们的形式和用途也随着社会进步和历代帝王的需要而不断变化着。经过历代的调整兴废，体系完整、宏伟壮观的祭祀建筑体系逐渐演变形成。

祭祀建筑的发展有几个重大的时期。

原始自然崇拜——夏代以前

据说在舜禹时代就已经有"望山川，偏群神"祭祀五大名山的仪式，但这也是根据周代历史文献所做的推测。最早的考古发现是新石器时代的良渚文化祭坛和红山文化女神庙等。

良渚文化祭坛遗址（图3-75），位于浙江杭州余杭区瑶山顶部，是一座方形平面的土筑祭坛。坛边长约20米，高约90厘米；由三层不同颜色的土所组成，中心为方形红土台，台周围有一圈灰色土填筑的方形围沟，沟外为黄褐色土筑成的围台，台面西北角仍存有两道石磡。

红山文化女神庙遗址（图3-76），在辽宁凌源的牛河梁主山梁

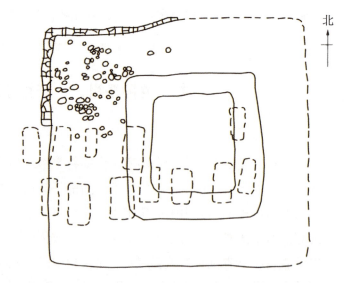

图3-75　浙江余杭瑶山良渚文化祭坛遗址图示

顶部。女神庙是由三个房间连起来的"中"字形空间和南侧的一个"中"字形空间组成的；总范围南北长 25 米，东西宽 2～9 米。建筑为半穴居的土石结构，地上墙壁有木柱支撑，出地面部分呈拱形。现发掘的地下部分，深 0.8～1 米，四壁内立有 5～10 厘米的原木骨架，结扎秸秆，抹有 4 厘米厚的草拌泥，外抹二三层细泥加固抹平，最后在墙体外面涂上赭红夹黄白的图案装饰。在建筑北侧还有一个东西长 159 米、南北宽 75 米的台址，台面高出女神庙 2 米，周边多以石料砌墙，是一处大型祭祀广场。女神庙的发掘意义重大，标志着古代祭祀活动从室外向室内的转变。

为国家而祭祀——周朝

早在 3000 多年前的周朝，周公姬旦营建东周洛阳京都时，城市规划就提出"左祖右社"的布局规范。即宫城之左为祭祖的地方，宫城之右为祭"社稷"的地方。"社稷"就是"社土神，稷谷神"，为天子、诸侯必祭。古有"立国必立社稷"之制、以"社稷存亡示国家存亡"之说。而且中国以东为尊。可见，祖庙在古人心目中的分量是高于社稷的，这印证了中国的家天下文化传统。"左祖右社"一直被视作都城规划的原则，甚至是立国中正与否的标杆。

这个时期的帝王对自然鬼神的祭祀依然以郊祭为主，如"冬日至，祀天于南郊，迎长日之至；夏日至，祭地祇，皆用乐舞"，也依然是"天子祭天下名山大川"，实体的建筑物发掘不多。

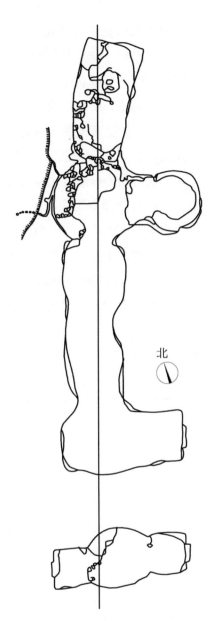

图 3-76　辽宁凌源市牛河梁"女神庙"遗址

神明人格化——秦汉

自战国起,秦就不断增加祭祀的对象,发展出东、西、南、中四方天帝,称霸之心昭然若揭。秦统一六国后,秦始皇祭泰山,进行封禅典礼,以表明"天命以为王,使理群生,告太平于天,报群神之功",反映了"君权神授,天下归心"的皇帝天命。自此,"封禅泰山"便成了皇帝为自己歌功颂德的至高仪式,少有帝王敢进行,宋代以后便只祭拜不封禅了。

秦汉时期十分重视鬼神之事,将山川湖泊、日月星辰都纳入祭祀的对象中,而且是全国范围内祭祀。据《续汉书》记载,东汉南郊设祭天的处所,位处洛阳城南七里,设一圆坛,周围有八座踏步,圆坛之上又做一坛,上层设天地神位,下层设五帝神位;坛外又环绕两层壝(wěi,祭坛四周的矮墙)墙,并于各方营门内外布置星宿、五岳、四海、四渎等各类神祇1514位。

受帝王影响,秦汉的神祠泛滥,西汉末年有683所,秦代还留下来203所。王莽时代甚至出现了祭祀用的牺牲①供不应求的情况,造成了极大的经济负担。

但这一时期大量的祭祀活动,让祭祀得以总结归纳。《礼记》中第二十三篇《祭法》、第二十四篇《祭义》、第二十五篇《祭祀》对祭祀的种类、方式和意义进行了规范。

祭祀规范化——唐宋

唐代对自然祭祀做了整顿,明确了五岳、五镇、四海、四渎等神祇的地位,并册封五岳神及四海神为王,四镇山神和四渎水神为公,进一步将神明拟人化,用天庭来映衬皇帝的朝堂,神明也出现了上下级关系。这也为祭祀的进一步人文化奠定了基础,使阶级观念深入人心。

唐玄宗时期,于冬至日在南郊祭天,于夏至日在北郊祭地,分设祭坛。天宝年间出现了天地合祭,直到清代才又分开。

唐宋两代都修筑过大规模的明堂,其中就有古建筑发展史上少见的大型建筑。一是武则天定年号为"周"后,倡议恢复古制修建的"万象神宫"(图3-77)。据推测堂高98米,东西南北各100米,共三层。宋徽宗也在祭祀仪

---

① 牺牲:指供祭祀用的纯色体全牲畜。

图 3-77　隋唐洛阳城国家遗址公园——左：天堂；右：明堂（建筑为现代复原）

式上恢复古制，在京城建造明堂，兴工万余人，建成一座长 63 米、宽 57 米的大型明堂。

祭祀制度定型——明清

明洪武年间，皇家首次在都城的钦天山建历代帝王庙，上祭三皇五帝，下祀元朝以前的历代帝王。这一举措，将以前松散的祭奠先朝的帝王庙整合在一起，由国家定时供奉。清朝入关后基本沿用了明代留下的坛庙，将祭天、祭祖的传统进一步规范化。

明清都是按照传统古制来安排祭祀场所的。北京故宫前左祖右社，严格遵循了周的礼制。中华人民共和国成立后兴建的历史博物馆和人民大会堂也沿袭了这一文化传统，将历史博物馆建在主轴线东侧（故宫主轴线左侧），人民大会堂建在主轴线西边（故宫主轴线右侧）。明清的郊祭是，祭天于南，祭地于北，祭日于东，祭月于西，祭先农于南，祭先蚕于北。这些庙坛建筑都是中国古代重要的祭祀建筑遗址（图 3-78）。

祭祀建筑的特点

与时代同步的单体形式

中国祭祀建筑的发展，与整个中国木构架建筑的发展进程基本一致。帝

建构华夏

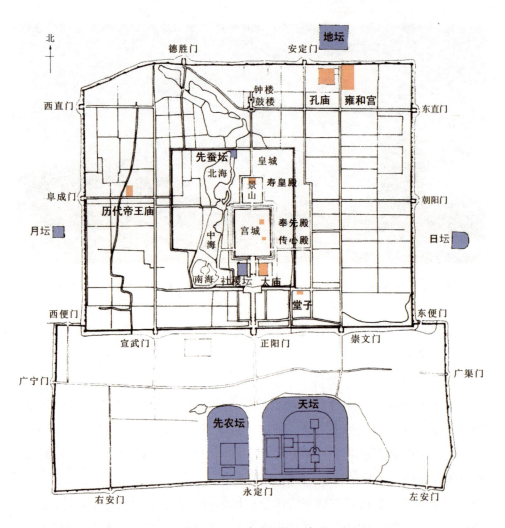

图 3-78 北京城坛庙分布图

庙、明堂的单体建筑形式用在宫殿和皇城中，也可以作为其他用途，民间也常有将居住建筑改为庙祠的例子。祭坛建筑从早期的筑土为坛，到后来的砖石包砌，再到后来的各种装饰手法，都与建筑台基的发展同步。

仪式感的院落空间

祭祀建筑的坛、庙、明堂，都有广义和狭义之分。狭义的指某一主要建筑单体，而广义的包含围合主体建筑形成的祭祀建筑群。建筑群也多采用庭院式，主庭院多是广阔的中殿式院落，对展现主建筑的三维体量有很明显的效果，试图营造一种能让人诚心拜祭的有利环境。

皇家祭祀建筑的两大门类

祭祀神灵的建筑

皇帝亲自祭祀的有天地、日月、社稷和先农。

祭天的仪式，冬至日在南郊的圜丘举行；祭地的仪式，夏至日在北郊的方丘举行，有"天圆地方"的寓意。孟春祈谷、孟夏祈雨也都在南郊圜丘。日月、星辰或作为祭天的附体，或单独祭祀，明代时北京东西郊设有专门的祭坛。祭天礼被历代皇帝定为国家大事，典礼极其隆重，以强调自己"受命于天""君权神授"的"天子"正统。祭秋在明堂，祭天时以祖宗配祀，还会朝会诸侯、颁布政令等。明堂是朝廷举行最高级别的祭祀典礼和朝会的场所。

社稷坛是祭祀土地神的地方。社被视为五土之神，稷被视为五谷之神。所以后来明朝皇帝用五色土修社稷坛。因为中国古代是农业国家，所以社稷象征着国土和政权。同样象征国土政权的还有先农坛，是皇帝祭祀神农和行籍田之礼的地方。

虽然五岳、五镇、四海、四渎也是重要的祭祀对象，但皇帝一般不会亲自祭祀，而是委派他人。而泰山的封禅却是帝王轻易不敢进行的盛典，整个中国历史也只有寥寥几人进行过。因此泰山上的建筑也仿制帝王宫城，规模宏大。

祭祀先祖的建筑

周代的宗庙制度规定"天子立七庙"，包括太祖及三昭三穆[①]。一般是一帝一庙，再加上一坛一墠（shàn）[②]，共9个建筑。周代后将已故皇家的宗庙迁至远郊，并按时祭祀。到魏晋时期，宗庙制度从"一庙一主"变成了"一庙多室，每室一主"的制度。开始依然为一庙7室，唐朝改为9室，最多时为

---

① 三昭三穆：昭和穆是指宗庙中位次的排序。三昭三穆是从文王起算，单数世代属于穆行，双数属于昭行，合在一起共六位帝王。每个朝代都有文王，一般都是开朝第二位皇帝，如"文景之治"的汉文帝，"文"是谥号，唐太宗也谥号"文帝"。
② 墠：古代指为祭祀而修整的一块平地。

11室。当神主①超过室的个数时,按照神主功德大小和与在位皇帝的亲疏关系决定去留,剩下的迁至殿的东西夹室去供奉。

> 皇家修建的祭祀建筑中供奉的对象,大多是对国家生存发展有贡献的人或物。《礼记·祭法》曰:"夫圣王之制祭祀也,法施于民则祀之,以死勤事则祀之,以劳定国则祀之,能御大灾则祀之,能捍大患则祀之……及夫日月星辰,民所瞻仰也;山林、川谷、丘陵,民所取财用也;非此族也,不在祀典。"虽然帝王也会祭祀古代圣贤,但不会按皇家级别行祭祀典礼,圣贤庙中也只有孔子庙在历代修缮下达到了宫殿建筑的级别。

祭天之所——天坛

北京天坛是中国现存最大的坛庙建筑,也是世界上现存规模最大、最完美的古代祭天建筑群。它位于北京市东城区西南面,今永定门内大街东侧。

天坛,始建于明永乐四年(1406),永乐十八年(1420)完工。明代初期在这里行天地合祭,故原名叫"天地坛",殿宇叫"大祀殿",是一个面宽十二间的方形殿宇。到明嘉靖九年(1530)改为四郊分祭制,在北郊另

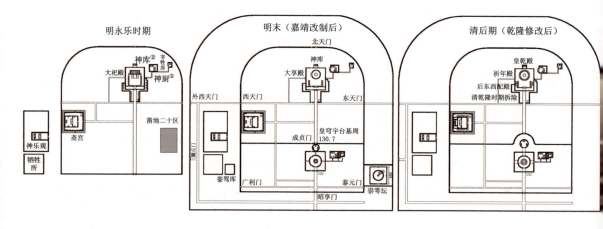

图3-79 三个时期的天坛平面图

---

① 神主:为已故君主所立的牌位,用木或石做成,设于宗庙之内。
② 神库:存放祭祀用品的库房。
③ 神厨:烹任祭祀用品的厨房。

建方泽坛祭地,这里成为专门祭天的场所,改名为"天坛"。大祀殿也被废弃,并在嘉靖十七年(1538)被改为圆亭,更名为"大享殿"。清乾隆八年到十四年(1743—1749),又对天坛建筑群进行了大规模的建造,引入造园的手法,缩小建筑的比例,突出天空的辽阔宽广,以此凸显天帝的至尊无上。(图 3-79)

天圆地方——天坛的总体布局

天坛的整体建筑群落可以看作古代思想物化后的产物,有着深刻的文化内涵和艺术价值。天坛从选址、规划、建筑设计和环境设计,都渗透着中国古代的阴阳五行学说和对礼制的尊崇,力求创造一个"天子"与"天"对话的理想场所。

北京天坛总面积约 273 万平方米,外坛墙周长 6.4 千米,内坛墙周长 3.2 千米。在总体的平面构图上是"一条轴线、三道坛墙、五组建筑、七峰东岳、九座坛门构成的南方北圆"。呈"回"字形的两重坛墙,把整群建筑分为内坛和外坛两大部分,主要建筑都在内坛之中。坛墙北段较高呈半圆形,南段围墙较低呈方形,有"天圆地方"和"天高地低"的寓意。天坛的主要建筑大致分为三组:北为祈谷坛,用于春季祈祷丰年,以祈年殿为中心;南为圜丘坛,用于冬至日祭天,以巨大的圆形祭台圜丘为中心;西为斋宫,是皇帝祭天前沐浴和斋戒之处。这三组建筑呈三角形排列。

"天坛"其实正是"祈谷"和"圜丘"两坛的总称。圜丘坛与祈年殿安置在一条轴线上,之间由丹陛桥相连,形成一条 1200 米长的天坛建筑轴线。这条建筑轴线为内坛轴线,与外坛的中轴线相比略偏东,为的是先让人们感受天地的博大,体悟自身的渺小。

天坛中主要建筑有祈年殿、圜丘、皇穹宇、皇乾殿、斋供、长廊等。西侧外坛还设有"神乐署",为祭祀乐舞的练习和演奏场所。天坛建筑的设计和营造,汇集了明清两代建筑技术和艺术的精华。其中祈年殿和皇穹宇是全木质结构的殿宇,至今保存完好。

圜丘坛中的"九九之数"

圜丘坛(参见 P13 图 1-1)又称"拜天台"或"祭天台",建成于嘉靖九年(1530)。在"天圆地方"思想的指导下,圜丘的设计呈圆形,以象征天,又因天是凌空的，故圜丘台上不建任何屋宇，祭天也被称为"露祭"。

整个圜丘坐北朝南，分为三层，逐层内收。上层坛直径九丈，中心是一块"天心石"，或叫"太极石"，人站在其上发声可以听到四面的回音，故又叫"亿万影从石"。圜丘的中层十五丈，下层二十一丈，上下三层相加合为四十五丈，形成"九五"之数，象征天帝之尊。

中国古代把一、三、五、七、九等单数称作"阳数"，阳代表天，故又叫"天数"。阳数中以九为最大，常被用来表示天的至高无上。作为祭天场所的圜丘，在运用"九"这个最大的阳数上极尽能事，其坛体石块、石栏及石阶等，无不与"九"息息相关。

明代初建造时，圜丘以汉白玉石砌成，上覆以蓝色琉璃瓦，清乾隆扩建时坛面改为艾叶青石。圜丘从中央的天心石往外，三层坛面各铺设九圈扇形石板。其中上层第一圈 9 块（图 3-80），第二圈 18 块，第三圈 27 块，以此类推到第九圈 81 块。中层是从第十圈到第十八圈；下层由第十九圈到第二十七圈。每个圈层的石板数依然是九的倍数，三层共有 378 个九，共计 3402 块石板。除了坛面石板，圜丘各层都绕以栏板，其栏板数上层 72 块，中层 108 块，下层 180 块，不仅每层的块数是九的倍数，而且三层相加之和为 360，象征着 360 度周天。

图 3-80　天坛圜丘坛中央

祈年殿中的"天圆地方"

祈年殿原名"大享殿"（图 3-81），是一座三重檐的圆形大殿，采用了上屋下坛的构造形式。其基座平面呈"中"字形，高出地面达 4 米，分为三

图 3-81　天坛祈年殿

层,四面出陛①。大殿的三层屋檐在明代曾覆盖不同颜色的琉璃瓦:上层为青色,代表昊天;中层为黄色,代表大地;下层为绿色,代表万物。到了清代,将"大享殿"更名为"祈年殿",屋顶琉璃瓦也全部改为深蓝色,顶冠铜制鎏金大宝顶,并沿用至今。

祈年殿高38米,直径30米,不用大梁长檩,而以柱梁和斗拱撑起屋顶。28根楠木柱和许多互相衔接的枋、梲(zhuō)②、桷(jué)③等,共同支撑起这座极富民族特色的华贵建筑。大殿当中的4根楠木龙井柱,分别代表了春、夏、秋、冬四个季节;屋内中间一层的12根楠木柱代表一年十二个月;外围的12根代表一天中的十二个时辰。中、外两层柱子相加之和符合一年二十四节气之数,三层相加象征着天上二十八星宿,三层相加之和再加柱顶的8根童柱又代表着三十六天罡星。祈年殿内石板地面的中心是一块圆形大理石,直径88.5厘米,上有天然龙凤影纹,故又叫"龙凤石"。它与殿顶中央绘有龙凤和墨彩画的藻井上下呼应,气度非凡。

祈年殿的四周为方形广场,外围环以方形围墙,它与圆形大殿再次表达着"天圆地方"的文化信息。

通往"天界"的丹陛桥

丹陛桥也叫"海曼大道"(图3-82),是一条南北走向的石砌高台,连接南端的圜丘坛和北端的祈谷坛两组主要建筑。丹陛桥南起成贞门,全长约360米,宽约30米,桥体自南向北逐渐升高,象征着从人间走近"天界",以使参拜者生出敬畏之心。丹陛桥的中轴线为白色石板铺砌,叫"神

图3-82 天坛丹陛桥(一)

---

① 指丹陛,以及台阶。
② 梲:指梁上的短柱,也称"侏儒柱"。
③ 桷:方形的椽子。椽,指放在檩上架着屋顶的木条。

道",专供"天帝"行走。"神道"两侧的条石道,东侧叫"御道",西侧叫"王道",供皇帝和王公大臣行走。(图3-83)

"天地寝宫"——皇穹宇

皇穹宇(图3-84)始建于嘉靖九年(1530),原名"奉神殿",后嘉靖十七年(1538)改

图3-83 天坛丹陛桥(二)

图3-84 天坛皇穹宇(图为民国时期发行的明信片)

名为"皇穹宇"沿用至今。整个建筑高19.5米,底部直径15.6米,屋顶是单檐蓝瓦、圆攒尖顶,上有一座鎏金宝顶。整个建筑坐落在高3米的圆形汉白玉须弥座上。殿宇由8根檐柱支撑,天花板层层收缩,中间有穹窿圆顶的金龙藻井(图3-85)。整座殿堂不施横梁而由许多层斗拱支撑,不但殿内奇巧壮观,也使建筑外形更加优美。建筑梁枋饰以最高等级的和玺彩画,门窗都是木雕菱花。

皇穹宇是用来存放"皇天上帝"神位的地方,故有"天地寝宫"之称。殿内正位石台宝座上设有金龙神龛,是平时供奉"皇天上帝"的地方,宝座前左右的石台神龛中放的是前朝皇帝祖先的牌位。

第三章 权力的象征——皇家建筑

图 3-85 天坛皇穹宇藻井

回音壁——奇思妙想的小"心机"

回音壁是皇穹宇前的一个非常迷人的建筑。它主要是指皇穹宇和东西配殿高大的圆形围墙。整个墙体周长193.2米，如果两人分别站在院内东西配殿的墙下，面朝墙壁低声说话，会清楚地听到对方的话语，非常奇妙有趣，因此得名"回音壁"（图3-86）。

这是声学原理在建筑上的巧妙运用。因为整个围墙呈圆形，而且磨砖对

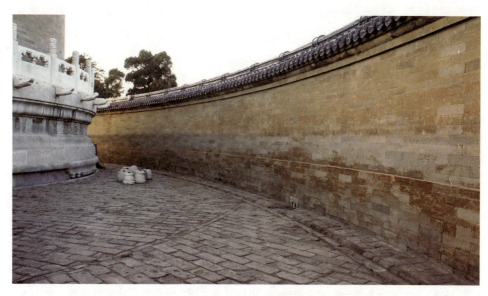

图 3-86 天坛回音壁

缝，使得墙面十分光滑，而围墙顶部的檐瓦也让声波不易扩散出去。当人说话的时候，声波沿着院墙连续反射传递，就会清晰地传入另一端的听者耳中。

皇帝祭天的休息场所——斋宫

斋宫建于永乐十八年（1420），嘉靖九年（1530）重修，是皇帝祭天时用餐、住宿和斋戒沐浴之处，属于祭天的辅助性建筑群。斋宫坐西朝东，平面呈正方形，占地4万平方米，两重高大的宫墙把宫殿围得严严实实，外加两道宽宽的御河，令人望而生畏，不敢越雷池一步。（图3-87）

图3-87 天坛斋宫

斋宫素有"小皇宫"之称，其主要建筑有正殿、寝殿及钟楼等。正殿立于高高的台基上，红墙绿瓦对比鲜明，大殿面阔五间，拱券形砖石结构，不施一根梁枋木梁，被称为无梁殿。殿前丹墀①上左右并列两座石亭——右亭里存放时辰牌，向皇帝报告祭天吉时；左亭里安放斋戒铜人，以时时提醒皇帝虔诚致斋。斋宫还有宿卫房、衣包房、茶果局、御膳房、什物房等其他建筑，宫中所有为皇上服务的机构在这里一应俱全。

祭社稷之所——社稷坛

社稷坛早期是分开设立的，因为"社稷"一词来源于社神和稷神。相传远古时共工氏之子名句龙，能平水土，被人称为"后土"，即社神；厉山氏之子名叫农，能播植百谷，被人当作稷神，即谷神。社神和稷神的产生，反映了先民对土地和五谷的崇拜。中国是一个历史悠久的农业大国，国以土为本，民以食为天，土地和粮食自古就是人们心目中的神圣之物，而由社神和稷神

---

① 丹墀：指宫殿的赤色台阶或赤色地面；也指官府或祠庙的台阶。这里指前者。墀，chí，指台阶上的地面，泛指台阶。

演化而来的"社稷"一词更成为"国家"一词的同义语。两坛于明朝洪武年间合二为一（图3-88）。

社稷坛位于故宫天安门的西侧，即今北京中山公园。所在位置原是唐代幽州城东北郊的一座古刹，辽代扩建为兴国寺，元代又被圈入大都城内，改名为万寿兴国寺。明成祖迁都北京后，于永乐十八年（1420）根据"左祖右社"的传统制度，

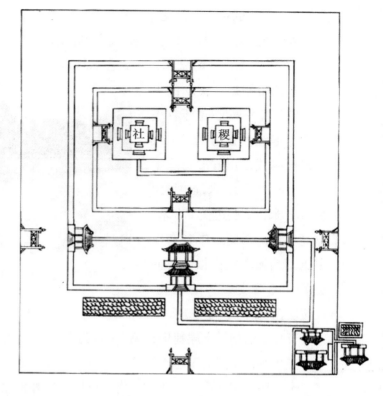

图3-88 《明礼集》中府州县社稷坛的两坛制度（明洪武初年）

在此建起了社稷坛。清朝只是对社稷坛做了局部改动，整体变化不大，今天依然保留着很多明代的原物。

社稷坛的总体布局

社稷坛整个园区的平面呈南北稍长的不规则长方形。南部东西宽345.5米，北部东西宽375.1米，南北长470.3米，占地面积达到24公顷（24万平方米）。社稷坛共有两道坛墙。外坛墙周长约2015米，东墙开有3座东向的大门：南边的叫社稷街门，是清代社稷坛的正式街门，举行献俘礼时押解战俘从这道门经过；中间的是社稷左门，这是社稷坛的旁门，皇帝举行祭礼时，陪同祭祀的王公大臣从这道门出入；北边的叫社稷坛东北门，在明代时专供卒役及参加祭礼的小官吏出入。到了清代，这处东北门改为社稷坛的总大门，门开三洞，正中门洞专供皇帝出入，两边的侧门洞是王公大臣、兵卒等人出入的通道。内坛墙南北长266.8米，东西宽为205.6米，黄琉璃瓦顶

红墙皮，每边的正中位置设有一道门。

内墙北门是正门，跨入这道门便来到内坛，主要建筑都在内坛之中。

"天下皆王土"的象征——五色土坛

五色土坛是社稷坛的主体建筑（图3-89），位于社稷坛中心偏北。五色土坛用汉白玉石砌成，正方形三层平台，上层边长15米，中层边长16.4米，下层边长178米，总高1米，每侧正中各有汉白玉石台阶4级。根据《明史》和《清史稿》的记载，

图3-89 社稷坛五色土坛

社稷坛在明清都应是二层，但不知何时改为现在的三层，这至今是个谜。

五色土坛的最上层铺垫五色土：东为青色土，南为红色土，西为白色土，北为黑色图，中间为黄色土。这五色分别象征四方天帝和居中的黄帝，隐喻了"帝王居天下之中，掌四方万物"意思，另外也象征了阴阳五行。五色土厚两寸四分，明弘治五年（1492）改为一寸。每年春秋两季祭祀前顺天府会来更换新土，以表明"普天之下，莫非王土"。祭坛的正中是一块五尺高、二尺见方的石柱，一半埋在土中，每当祭礼结束后会全部埋在土中，在上边加上木盖。祭坛四周是社稷坛的内坛墙，其东、南、西、北各方墙体上，分别贴有青、红、白、黑色琉璃瓦，每面墙的正中还各有一座汉白玉石的棂星门[①]。

室内祭祀之处——拜殿

社稷坛拜殿（图3-90）设在了五色坛的北侧，是社稷坛内的第二大建筑。与传统的建筑布局不同，祭拜时由北向南行礼，却正符合《周礼》的要求。拜殿建于明永乐年间，遇到风雨天气时用于祭祀社稷。拜殿是一座大型木构架建筑，面阔五间，进深三间，殿内所有梁架、斗拱全部外露，不设天花顶棚，屋

---

① 棂星门：牌楼式木质或石质构筑物。棂星，指天田星，即"文曲星"，代表农业和文学，自古棂星门就用在祭天和祭孔的建筑群中。因为帝王号称"天子"，棂星门也会用在陵寝中。

第三章　权力的象征——皇家建筑

顶铺设黄色琉璃瓦。

其他辅助建筑

拜殿北侧是戟门（图 3-91），现为中山堂后殿。建筑原有三个门洞，各门洞中共陈列 24 把大铁戟，戟门之名字由此而来。现建筑立面是后世改造的，外观已与原貌大不相同。戟门建于明代，面阔五间，进深三间，黄琉璃瓦歇山顶。此外，天坛内还有神库、神厨与宰牲亭这些必不可少的配套建筑。神库、神厨位于坛的西南，坐西朝东，神库在南，神厨在北，是两座形制完全相同的建筑，黄琉璃瓦悬山顶，进深三间。宰牲亭位于内坛墙西门外南侧，黄琉璃瓦歇山顶，四角重檐，亭内有一口方井，亭外有矮墙环绕。

图 3-90　社稷坛拜殿

图 3-91　社稷坛戟门

社稷坛的建筑设计，在整体上体现了"社祭土而主阴气也，君南向北墉①下，答阴之义也"的传统制度，即整个坛庙坐南朝北，皇帝行祭由北而南。而五色土坛建成方形，以象征"地方"之说。根据史书记载，古代所立之"社"中必种植松、柏、槐等树木，而且栽种时要按一定的方位排列。社稷坛内树木荫翳，苍翠浓郁，只是时迁境易，当时情景不复再现。现社稷坛已改为中山公园，除五色土坛、拜殿和戟门等保留了原样外，其他的建筑均为新建或迁来的。公园

---

① 墉：yōng，指城墙，泛指墙壁。"毛本"写为"牖"yǒu，指窗。

内古树挺拔，可见当年之风貌。

祭地之所——地坛

据《周礼·春官》记载，大约在周代即有了夏至日"祭地于泽中方丘"的制度。所谓"泽中方丘"，即后世的地坛。嘉靖九年（1530）二月，明世宗以"天地合祀不合古制"为由，集群臣商议郊祀典礼，最终将原南郊的天地坛改为圜丘专门祭天，在北郊选地另建方泽坛专门祭地，并在东郊建朝日坛，在西郊建夕月坛。嘉靖九年（1530）五月，四郊的祭坛动工，十一月定北郊坛名为"地坛"，嘉靖十年（1531）四月，方泽坛竣工，"方泽坛"与"地坛"两个名字并存。方泽坛之名来自古人的"天圆地方说"，即以水环绕的方形坛。水泽和方丘，象征着四海环绕大地。（图3-92）

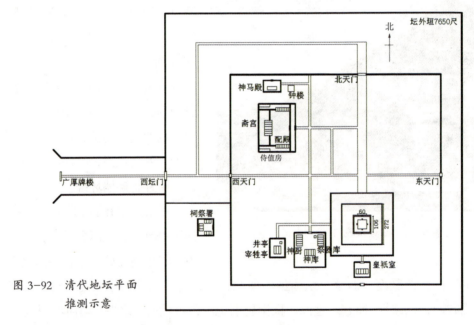

图3-92　清代地坛平面推测示意

清代祭地典礼沿用明代旧制，但在地坛建设上进行过多次重修。乾隆十四年（1749），在大规模重修天坛的同时也对地坛展开了扩建工程，前后历时3年。经过这次修整，方泽坛依然是双层方形地坛（图3-93），上层边长20米，下层边长36米，高均为2米。坛面铺方石，上层坛面的中心，是36块较大的方石，纵横各6块；围绕中心点，四周铺石块八圈，最内圈36块，

图 3-93 地坛方泽坛

图 3-94 地坛四海石座

最外圈 92 块，每圈递增 8 块。下层的坛面同样砌有八圈石块，内圈 100 块，外圈 156 块，也是每圈递增 8 块。而上层共铺石块 548 块，下层 1024 块，上、下两层合计 1572 块。在下层坛面上，南部左、右各设有一座长方形山形花纹石座，上面共设有 15 个山形纹神座，祭祀时供奉五岳、五镇、五陵山的神位；北部左、右各设一座长方形水形花纹石座，上面共设有 8 座水形纹神座，祭祀时供奉四海、四渎的神位。（图 3-94）座下再凿池，可蓄水。坛的四周仍环以水渠，表示方泽。水渠西南端壁上有石质龙头，内部有暗沟与神库内的水井相连，龙头用来向水渠中注水。

地坛内也有大殿、神库、斋宫等祭祀需要的配套建筑，但因为整体占地面积小，配备简单，地坛在建筑艺术上没有天坛那么有名气。但祭地是仅次于祭天、祭祖的国家大事，因此地坛也是极为重要的礼制建筑。

祭祖之所——太庙

在夏代，人们将先祖供奉在固定的地方，这些地方后来逐渐成为皇帝的宗庙所在，当时称之为"世室"；到了殷商时期，这种古代的祭祀场所被称为"重屋"，周代时称为"明堂"，从秦汉开始称为"太庙"。"太庙"这一称谓被后世一直沿用。

北京的太庙（今劳动人民文化宫）始建于明永乐十八年（1420），位于紫禁城的东边，与西边的社稷坛对称，符合"左祖右社"的制度。太庙最初为三进大殿，宏伟壮观，明朝朱氏祖先合祭于此。百余年后嘉靖皇帝突然改变同祭历代祖先的旧习，于嘉靖十四年（1535）下令将大庙一分为九，建立九庙，实行"分祭之制"。6年后，明太庙遭雷火焚烧，其中8座被毁。嘉靖皇帝及大臣们都认为这是祖先对随意更改庙制的警告。因此，嘉靖二十四年（1545）又重建太庙，恢复了同堂异室的合祭旧制。

太庙的总体布局

明朝末年，太庙毁于战火。清顺治六年（1649）重建太庙，并将明朝历代帝王、王后的神位移送到历代帝王庙，太庙内仅供奉清朝皇帝的祖先，又增加了一座后殿。历经康熙、雍正两朝，乾隆皇帝登基后，清太庙已供奉了9位爱新觉罗氏的先帝神主，但当时太庙大殿仍为九开间建筑，为使自己死后神主也能进入太庙奉祀，乾隆晚年不惜投巨资对太庙进行扩建、新建。这次拓新工程将正殿九间扩建为十间，把后殿五间扩建为九间，同时添建了一些门、墙及辅助性建筑，从而形成了今日所见的清太庙。

太庙坐北朝南，平面呈长方形，占地面积约200亩（约13.3万平方米），整个建筑被三道黄琉璃瓦顶的红围墙分隔成三个封闭式的院落，主要建筑由南向北依次排列在中轴线上。古朴典雅的建筑被封闭的院墙、浓荫的古柏烘托出一种肃穆庄重的氛围，恰与皇家祭祖建筑的性质相一致。（图3-95）

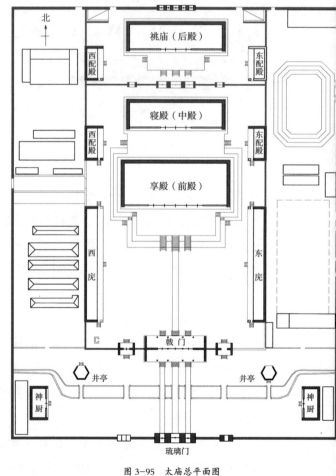

图3-95 太庙总平面图

第一层院落面积很大,由最外一道墙垣围成,约占太庙总面积的60%。南面为正门,门前是一座石栏三孔石桥。西墙上开三座门,分别是通向天安门的太庙街门、通向端门的太庙右门和通向午门外的太庙西北门。这里除少数假山、凉亭外,种满了柏树,浓荫蔽日、枝繁叶茂。在院子的南面东侧有一个幽静的小院,这里就是太庙的牺牲所①,西侧为六角井亭。

图3-96 太庙琉璃砖门

太庙的主要建筑集中在第二层院落。这处院落的平面呈长方形,东西宽208米,南北长272米,南墙正中是黄琉璃瓦庑殿顶的琉璃砖门②(图3-96)。穿过琉璃砖门,跨过一字排开的7座汉白玉石桥,便是戟门(图3-97)了。戟门面阔五间,黄琉璃瓦庑殿顶,建于三层汉白玉石台基之上。穿过戟门,迎面看到的就是太庙的主体建筑。

太庙的主体建筑分为前殿、中殿和后殿。

图3-97 太庙戟门

太庙前殿

前殿又称为"享殿""大殿"(图3-98),是皇帝举行祭祖大典的场所,坐落在三层汉白玉石须弥座上。台基周围都有汉白玉石护栏,望柱柱头浮雕龙凤纹。大殿面阔十一间,进深四间,重檐庑殿顶,上覆黄色琉璃瓦。庑殿顶

---

① 牺牲所:指宰杀和处理"牺牲"的专门处所。
① 琉璃砖门:该门的檐椽斗拱均为琉璃砖烧制,故称琉璃砖门。

与黄色琉璃瓦是皇家建筑最高等级的标志。为更好地突出宗庙祭祀性建筑的特色并满足实用需求，大殿梁柱外用沉香木包裹，其他构件都用金丝楠木；明间和次间的天花、四柱全部贴有赤金花①，地面满铺金砖，但殿内不用彩绘装饰——有意避讳浓艳华丽的暖调，而以清波雅致的冷调代替，显示出宗庙祭祀的特殊氛围。大殿的东、西两庑②各有十五间，东庑供奉有功的皇族成员，西庑供奉异姓功臣。

图3-98　太庙享殿（前殿）

太庙中殿

中殿在前殿之后，又叫"寝殿"（图3-99），建筑规模比前殿稍小，面阔九间。平日，各帝后神主放在殿堂中，神主立于神龛内，神龛前摆放一把神椅子，每逢祭祀时要把神主牌位放到神椅上再抬到大殿，安放在神座木托之上。中殿设有左、右两庑，是专门存放祭器的场所。

图3-99　太庙寝殿（中殿）

太庙后殿

中殿之后的后殿又称"祧（tiāo）庙"（图3-100），其形制

图3-100　太庙祧庙（后殿）

---

① 赤金花：用金箔做成的图案。
② 庑：wǔ，这里指古代正房对面和两侧的屋子。

与中殿相同，供奉追封皇帝的神主，也就是皇室建朝称帝前的祖先，俗称"远祖庙"。古代有"远庙为祧"的说法，所以称为"祧庙"。这些远祖毕竟与登基皇帝的地位不同，因此后殿与中殿之间用一道红墙隔开，独立成院，以示区别。

北京的太庙历经多次修缮和增建，现存的整体规划基本为明代所定，其主体建筑也是明代原构，保存了明代的建筑风格。

肆　帝王的身后居所——陵寝

帝王陵墓及其附属建筑合称为"陵寝"。中国自第一个奴隶制王朝——夏朝起，至最后一个帝制王朝——清朝，4000多年里，共有帝王500多人。中国的帝王陵寝数量众多，至今有迹可考的帝王陵寝就有100多座（处），分布于大半个中国。

宫殿是帝王在世时的居所，陵寝是帝王身故后的居所。受到"生是短暂的"和"来生"思想的影响，帝王在位时都尽其所能地为自己建造陵寝。很多陵寝在帝王登基的第二年就开始修建，一直建到它的主人入住。皇帝在位越久，其陵寝越富丽堂皇，投入的人力物力无数。

皇帝的居所，无论是生前的还是死后的，都要合乎礼制。陵寝不仅外形上有严格的等级秩序，内部也仿造帝王生前的居住条件设计。随着建筑水平的提高，地上建筑物、构筑物陆续出现，与陵墓共同组成陵园。随着异域园林艺术的引进，中国陵墓建筑发展到了很高的水平，在世界陵墓建筑中占有重要地位。

陵寝的核心——墓室

大约1.8万年前，生活在北京周口店的山顶洞人就已经有了埋葬死者的墓葬，并会随葬死者生前使用过的工具、用具、装饰品。人类社会进入氏族公社后，同一氏族的人死后都要埋葬在一起——各地出土的数以百计分属不同族群的新石器时代墓地,就是佐证。

之后,随着私有制的发展,贫富分化和阶级对立逐渐产生,统治阶级和特权阶级开始设置独立墓地,还出现了夫妻合葬和父子合葬的形式,并发展出了墓穴和棺椁。商周时期的奴隶主阶级已经有了高规格的墓葬形式,出现了墓道、墓室、椁室以及祭祀杀殉坑等。

西汉以前,帝王、贵族多用木椁做墓室,其构造方法有两种:一为用木枋构成一层至数层箱形椁室,内置棺;另一种是用短方木垒成墓的"黄肠题凑"①(图3-101),内置棺及陪葬品。有代表性的是商代的武官村大墓,这是一座"中"字形的地下墓坑,木椁室四壁用原木交叉成"井"字形向上垒筑,椁底和椁顶也都用原木铺盖。

图3-101　黄肠题凑复原模型

由于木椁不利于长期保存,而砖石技术有所提高,所以逐渐发展出了石墓室和砖墓室。汉代的制砖技术高超,砖型多样,除空心砖、条砖外,还有各种楔形砖、企口砖等,墓室的形式也随之发生了变化(参见P3图1-1),周代以来的棺椁礼制逐渐被废弃。

砖石结构在西汉末年有了很大的发展,出现了叠涩、穹窿等砌筑技术。但中国传统建筑形式是以木构架为主,所以这种砖石结构只被应用在墓室、桥梁等建造中。唐、宋墓中,砖石建造技术已经发展得非常成熟。明、清两代,从已发掘的资料看,墓室以中间三进为主,用石做拱券结构,形成豪华

---

① "黄肠题凑"是在椁室四周用柏木堆垒成的框形结构,属帝王陵墓中的重要组成部分。始于上古,多见于周代和汉代,汉以后很少再用;但经朝廷特赐,个别勋臣贵戚也可使用。

的地下宫殿，更加注重棺椁的密封、防腐措施。

陵寝的保护层——因山为陵与宝城宝顶

从战国起，具有建筑形态的帝王陵墓才开始出现，但规模都不大。战国的诸侯国王都会营造巨大的坟丘，并尊称为"陵"，意指其如山陵一般高大，陵象征着王权的尊崇地位。这些坟丘都进行过夯土，形状大体为圆锥形和方形两种，其中最著名的是秦始皇的骊山陵（图3-102）。

图 3-102　秦始皇骊山陵

汉朝继承了秦的做法，但坟丘的规模减小。汉代流行厚葬，如果坟丘的设置太过明显，容易被盗——汉武帝下葬4年后，就发现随葬品出现在民间。为了防止盗墓，汉文帝的灞陵开创了"依山为陵"的新形式。曹操更是主张薄葬，三国西晋的帝王陵寝便不封不树，不建寝殿，不设明器，不辟园邑神道，以免后世发掘。直至北魏时期，"封土为陵"建造祭拜建筑的形式才重新出现。

唐朝陵寝，根据帝王的喜好，两种方式都有所采用。"依山为陵"也正式进入古代陵寝制度，带动了陵寝制度的改变，并被后世采用。宋代多为陵台，南宋因为时局动荡，许多皇帝没有陵寝。元代更采用密葬，陵址选在北漠的草原上，不起坟，万马踏平，隐于原上。

明代起，将地下宫殿上高高隆起的土丘称为"宝顶"。宝顶用白灰、沙土、黄土掺和成"三合土"，一层一层夯实，又用糯米汤浇筑，同时加用铁钉，这种陵寝十分坚固紧密，可以防止雨水渗入墓穴。还有用墙垣包绕的，称为"宝城"。至此，地面陵体在外形及其技术上，完成了由方形土台、土山到圆形人工构筑物的转变。

规划——陵区和陵园

自商代起，每个朝代的帝王陵墓都按照家族血统关系，实行"子随父葬、祖辈衍继"的埋葬制度，集中在一个地区。在陵墓和附属建筑的周围还划出一定的地域作为保护区，范围广大，称为"陵区"。陵区内按礼制布有各种建筑物，配合陵墓形成有秩序的规划，并效仿当时帝王所生活的城市和宫殿设计。东汉以后的陵区选择都受堪舆之术的影响，大多选在背山面河之处或面对着视野开阔的平原。

秦始皇统一六国后，建立起中央集权的专制制度，也确立了至高无上的皇权，陵园规制宏大，布局设计严谨。

西汉继承了秦制，陵冢和宫殿的配置基本相同，废弃了殉葬制度，出现了帝后合葬和功臣贵戚陪葬的合葬墓。皇帝的陵寝居东，规模略大于居西的皇后陵寝，其余陪葬陵寝依据死者的身份级别有序排列。另外还在园外设置宗庙，在附近设陵邑，以服务、保护陵墓。

唐代陵寝的规模虽不如汉代，但布局更为周密。整个陵园从后到前可以分成以下三个部分。

第一部分，是陵墓和祭祀性建筑。高大的坟丘位于陵园北部，墓前有献殿，周围有围墙，称为"上宫"；而供灵魂起居及宫人、官吏居住的寝宫位于陵园西南方，被称为"下宫"。

第二部分，是阙及神道。陵园南门（朱雀门）向南设有3对土阙，它们之间的神道上陈设有石人、石马。

第三部分是两侧的陪葬墓。这部分仿照了长安城外城中"里坊"的设计。

唐代的这种陵园布局对后代帝陵产生了深远的影响。宋朝的陵园基本沿用唐代的模式，只是将下宫从陵墓的西南方移到了北面。

明代陵园基本沿用唐宋的模式，受宫殿格局的影响，废弃了上、下宫分离的布局方式，把陵体、祭祀建筑串联在轴线上，与祭祀区形成两进或三进院落，突出了朝拜祭祀的重要性。清陵则大体沿用明制。

帝王陵寝建筑的象征意义

陵墓是礼制建筑的一大分支。在儒家"慎终追远"的孝道观支配下，丧葬成了恭行孝道的重要环节，丧葬之礼是礼制中极为重要的组成部分。帝王的陵墓建筑，与宫殿、祭祀、苑囿建筑一样，成为封建社会高规格的重大建筑，有着重要的象征意义。

侍奉意义

古人相信"人死后灵魂不灭，只是在阴间生活，还会转世投胎"，并推崇"事死如事生，事亡如事存"，因此陵寝的设计也要和帝王生前一样。不仅地下要有广阔地宫墓室和大量的陪葬品，地面上还要设有寝殿、偏殿。

祭祀意义

东汉明帝开始确定"上陵之礼"。隆重的上陵典礼逐渐上升为祭祀先人的主要活动，成为帝王推崇皇权和巩固统治的一种重要手段。

荫庇意义

帝王受堪舆之术的影响，认为陵寝的位置好，能使江山永固，荫及子孙后代，福泽万民。这种迷信观念促使皇陵必须建在"风水"最佳的地段，并以人工手段弥补不足之处，这是对陵区的一种保护，也是防止"风水"被破坏的一种手段。

彰显意义

宏伟的陵墓建筑组群，在壮阔的自然景观烘托下，呈现出庄严、肃穆、神圣、永恒的氛围，很容易让人产生崇仰、敬畏之心，从而起到彰显帝王威势、强化皇权统治的作用。

天寿山下的皇家陵寝——明十三陵

明朝共有16位帝王。除了开国皇帝朱元璋葬于南京钟山之南的明孝陵、第七帝朱祁钰以"王"的身份葬于北京西郊玉泉山、第二帝朱允炆（建文帝）

下落不明,其余13位都葬在北京西北郊的天寿山下,形成了今天闻名中外的"明十三陵"。

与元代相比,明朝的社会经济和国力都有了极大的发展,还出现了资本主义萌芽,各类工艺技术和建筑材料都有很大提高。在此基础上,明朝的陵墓营造在材料和技术方面,达到了前所未有的高度。

明十三陵自明永乐七年(1409)开始营造,及至清代顺治初年,前后长达230多年,共建造了13座金碧辉煌的皇帝陵墓,有13位皇帝安葬于此,故称"十三陵"。十三陵按建造时间,依次为长陵(成祖)、献陵(仁宗)、景陵(宣宗)、裕陵(英宗)、茂陵(宪宗)、泰陵(孝宗)、康陵(武宗)、永陵(世宗)、昭陵(穆宗)、定陵(神宗)、庆陵(光宗)、德陵(熹宗)、思陵(思宗)。除皇帝陵外,陵区内还有妃子园寝7座,太监墓1座,以及神官监、饲祭署等若干附属建筑,形成了体系完整、规模宏大的陵墓建筑群,成为世界上埋葬皇帝最多且保存完整的帝王墓葬群。(图3-103)

陵区的地上建筑主要有:神道、石牌坊、大红门、大碑楼、石像生、神

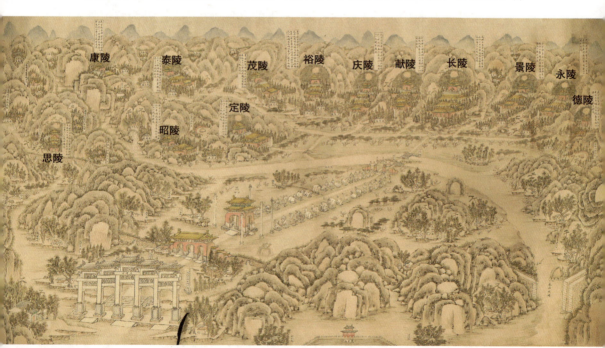

图3-103　清人(佚名)绘《大明十三陵图绘》

桥和帝王陵园。

神道是明代帝陵地上建筑的引导部分,是13座帝陵公用的;南起石牌坊,至七孔桥开始分支,通往不同的陵园。沿神道排列的建筑物主要有石碑坊、大红门、大碑楼、石像生、棂星门、五孔桥和七孔桥等。

石牌坊是整个十三陵陵区入口的标志性建筑,建于明嘉靖十九年(1540),为颂扬祖先圣德而建,也称"圣德牌坊"。石牌坊为五门、六柱、十一楼,仿木结构,宽28.86米,高约12米,是中国现存年代最久的高等级大型石牌坊。整座牌坊用多块经过雕刻的巨大青白石经榫卯衔接而成。(图3-104)

图3-104 十三陵石牌坊

大红门又名"大宫门"(图3-105),为整个陵区的正门,有三个门洞,屋顶为黄色琉璃瓦庑殿顶,墙体为砖砌,通体为红色,故称"大红门"。大门的两侧连接陵区的围墙。门外两侧各有汉白玉下马碑一座,凡是前来祭拜的人都必须在此下马,步行进入陵园,以彰显皇陵的尊严。(图3-106)

大碑亭位于大红门之后,为长陵的"神功圣德碑亭",建于正统元年

（1436）。碑亭的平面呈方形，高25.14米，重檐歇山顶，上铺黄色琉璃瓦。（图3-107）墙体为砖石砌筑，通体红色，四面辟门。亭内竖有龙首龟趺（guī fū）[①]汉白玉石碑一座，高7米，石碑四面刻字，是碑亭的重要核心。

石像生从大碑亭到棂星门（图3-108）的千米神道两旁，整齐地排列着石人和石兽，两两相对，排列有序，人兽分开。主要起装饰点缀作用，以象征皇帝生前、死后的威仪。其中有石人12座，石兽24座。（图3-109）

棂星门又叫"龙凤门"。棂星门是天门的意思，进入此门就算上天了，因此活人是不许进入此门的。棂星门宽34米，高8.15米，为三门六柱门。门柱各雕刻成华表形式，上有火珠、云板等

上图 3-105 十三陵大红门
下图 3-106 十三陵下马碑

[①] 龟趺：龟形碑座，又名"赑屃"（bì xì)，在中国神话传说中是龙的儿子，形似龟，喜欢负重。

图 3-107　十三陵大碑亭　　　　　　　图 3-108　十三陵棂星门

图 3-109　十三陵石像生

装饰图案，所以也叫"火焰牌楼"。

长陵陵园

　　长陵陵园位于天寿山主峰下，是十三陵的中心墓区，也是十三陵中最大的陵园，是明成祖朱棣与皇后徐氏的合葬墓。（图 3-110）

　　陵园的平面前方后圆，建筑布局为三进院落，周围建有高大的红色陵寝院墙。主要建筑都建在一条南北方向的中轴线上，陵门前有无字碑，碑前建石桥与神道相接。第一进院以祾（líng）恩门（图 3-111）为主要建筑，两侧有神厨、神库、宰牲亭等附属建筑。第二进院是长陵主体所在，建筑规模和建筑等级都是最高的，主殿祾恩殿高大雄伟，两侧建有配殿。

建构华夏

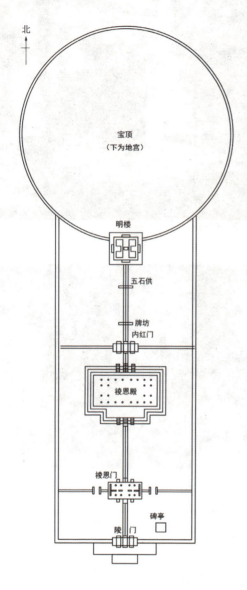

图 3-110
图 3-111
图 3-112

图 3-110　明十三陵——长陵平面图
图 3-111　明十三陵——长陵祾恩门
图 3-112　明十三陵——长陵祾恩殿

祾恩殿（图 3-112）建成于永乐十四年（1416），是供奉帝后牌位和举行"上陵之礼"的地方。大殿面阔九间，重檐庑殿顶，黄色琉璃瓦面金碧辉煌，坐落在三层汉白玉栏杆围绕的须弥座之上。"两阶一路"正中为高浮雕御路石雕，雕刻内容为海水江崖和双龙戏珠等精美图案。殿内金砖铺地，梁、柱、枋、檩、斗拱等建筑构件全部用金丝楠木加工而成。支撑殿宇的60根整材楠木大柱，用材粗壮，特别是殿内的32根重檐金柱，高12.58米，柱径均在1米以上，可谓世间罕见之物。

第三进院由内红门、棂星门和方城、明楼组成，院内宽敞，松柏繁茂。明楼（图3-113）是长陵最高的建筑，由方城的中间券门进入，东西两侧墙内有甬道可以登城。楼内竖立有一块龟跌石碑，通体涂成朱红色，所以叫"朱石碑"。碑上刻有"大明成祖文皇帝之陵"。明楼位于方城之上，重檐歇山顶。每边长18.06米，高20.06米。四面辟券门，楼上有匾额写"长陵"二字。

图3-113　明十三陵——长陵明楼

明楼后为棺椁所在之处，称为"宝城"，宝城为直径约340米的圆形。宝城内的陵体称为"宝顶"，地宫就在宝顶之下。宝城绕以圆形墙，将高大的宝顶包裹起来，能有效地防止封土堆水土流失。地宫又称"玄宫"，是停放帝、后棺椁的地方。宝顶内有通向地宫的甬道。

地宫平面为"十"字形，石券拱结构。后殿拱券和中殿拱券正交（图3-114），是专供帝王使用的建筑形式。"十"字形建筑布局的地宫形制是仿照帝王生前居住的宫殿

图3-114　正交十字拱

布置的（图3-115）。

清代皇陵——清东陵·清西陵

清王朝自清太祖开始到宣统退位，共有12位皇帝，统治期达295年。清代帝王陵寝共有3处，分别是关外三陵、清东陵和清西陵。清皇陵的建筑模式，从关外三陵开始就仿照明朝的陵墓，并影响了清入关后的另两处陵区的修建。

清东陵和清西陵从规划到建筑造型也仿照了明陵，采用了集中陵区的手法，以大红门为陵区总入口，经过公用神道上的石像生、碑亭及华表，然后分别进入各自的陵区。各陵区的规制大致相同。按着从南到北或从前到后的顺序，一般都有石像生，大碑楼，大、小石券桥，龙凤门，小碑亭，三孔券桥，大月台，东、西朝房，隆恩门，隆恩殿，石平桥，月台，琉璃门，二柱门，石五供②，方城，明楼，月牙城，宝城，宝顶和地宫等，以一条轴线贯通。主要建筑物如龙凤门、桥梁、碑亭、隆恩殿、方城、明楼、地宫等都位于轴线上，而其他建筑如石像生、配殿、朝房等都平行轴线，相对而立。皇帝、皇后、王公、公主、妃嫔的陵制级别也极为严格，形成一套程式化的制度。清陵中的建筑装饰基本继承了明代风格，但装饰装修更加烦琐，色彩绚丽，与明陵相比，少了质朴和素雅，多了华丽之风。

清东陵

清东陵位于河北省遵化市马兰峪以西的昌瑞山下，西距北京125千米，

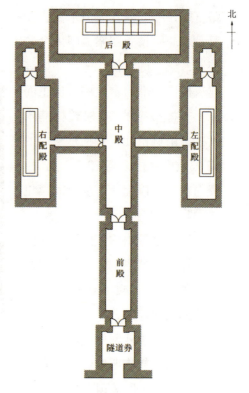

图3-115　明十三陵——定陵地宫①平面图

---

① 因长陵地宫未开放，此处以定陵地宫为参考。
② 石五供：清代陵制，凡帝、后陵必设，位于二柱门以北的正中神道上，由石祭台和1个炉、2个花瓶、2个烛台组成。（参见P180图3-127）

南距天津 150 千米。清东陵是清代三大陵园中最大的一座，陵区南北纵深约 125 千米，东西宽幅约 20 千米，总面积达 2500 平方千米。（图 3-116）

清东陵始建于顺治十八年（1661），完

图 3-116　清东陵（清东陵园区展示）

工于光绪三十四年（1908），前后跨越 247 年。这里共建有 15 座陵寝：其中皇帝陵 5 座、皇后陵 4 座；另有妃嫔陵寝 5 座；在马兰峪东部还有公主园寝 1 座。建筑按一定的规制组合成群。除昭西陵和公主陵外，均以帝陵为中心，皇后陵、妃园寝依次建于其侧。整个清东陵陵区埋葬帝、后、妃及皇子、公主等共 161 人。清东陵是中国现存规模最为宏大、建筑体系最为完整的帝王陵墓建筑群，其中最为宏丽的是裕陵和定东陵，但在 1928 年被军阀孙殿英的部队炸开地宫，盗去大量随葬珍宝，遭到了严重的破坏。

清东陵四面环山，风景宜人。众陵在昌瑞山南麓依山势东西排开。绵绵的山脉屏于陵寝之后，长长的神道伸展于墓穴之前，苍松翠柏映衬着红墙金瓦的殿宇。这个陵址是明末崇祯皇帝相中的风水宝地，后清顺治皇帝将此地定为自己的寿宫。康熙二年（1663）在此地为顺治帝建孝陵，开始了东陵的营建。整个陵区以孝陵为首陵，孝陵也是整个清东陵的中心。

从陵区最南面的石牌坊到孝陵宝顶建有长约 5 千米、宽 12 米的砖石神道，称为"十里神道"。神道两旁井然有序地排列着下马碑、大红门、具服殿、石像生、大碑楼、龙凤门、神道桥，其后为孝陵陵区内的主要建筑，主次分明，变化有致，富有节奏感。

石牌坊为仿木结构建筑形式，用石料构筑而成，有五门、六柱、十一楼，雄伟壮观、雕刻精美，是陵园的标志性建筑。（图 3-117）

大红门是孝陵的大门，也是清东陵整个陵区的总门户，是一座单檐黄色琉璃瓦的庑殿顶建筑，有 3 个门洞，墙体为砖砌，外涂红色，墙脚为灰色。

图 3-117 清东陵石牌坊

大红门两侧与风水墙相连，风水墙用于保卫整个东陵前区，长约 20 千米。（图 3-118）

清东陵整个陵区只有一座三间的具服殿，又名更衣殿。位于大红门以东北侧，坐东朝西。是谒（yè）陵者更衣、方便、休息的地方。

图 3-118 清东陵大红门

神功圣德碑楼在具服殿北面，位于神道的正中。它是神道上的主要建筑，重檐九脊歇山顶，华丽壮观。景陵、裕陵也设有碑楼。碑楼四角各有一座高 10 余米的华表。楼中有两通高大的神功圣德碑，碑身系镜面玉石，分别用满、汉文字刻着埋葬在这里的诸位清代皇帝一生的"神功圣德"。（图 3-119）

图 3-119 清东陵神功圣德碑楼

穿过大红门便是神道。神道两侧从石华表开始，按一定的距离排列着百兽和石人，即石像生。孝陵的石像生有 18 对，裕陵有 8 对，其他帝陵均为 5 对。（图 3-120）

图 3-120　清东陵石像生

大碑楼向北是一座三间、六柱、三楼的龙凤门，彩色琉璃瓦砖上有龙凤等花纹装饰。龙凤门给人以穿门入室之感，也显示出神道的深远。清东陵内只有孝陵设有龙凤门（图 3-121）。

图 3-121　清东陵龙凤门

清东陵孝陵陵园

孝陵位于清东陵的中心，是清朝入关后的第一位皇帝世祖与他的两位皇后的陵寝。建于顺治十八年（1661），也就是顺治去世的那一年，康熙三年（1664）竣工。

孝陵是东陵的主体建筑，规模也最大。在整个清东陵中，孝陵是最先营建的，东陵的布局以孝陵为中心。孝陵从正南面的龙门口进入陵区开始，直到陵园内宝顶的神道，全部用 3 层砖石铺砌，全长 5000 多米，路面宽 12 米。

建构华夏

孝陵的建筑体系是整个清东陵最完整的，沿着神道有序排列着十里神道，小碑亭，东、西朝房，隆恩门，焚帛炉，东、西配殿，隆恩殿，琉璃花门，二柱门，石五供，明楼，方城，宝顶等几十座建筑。（图3-122）

从大红门到龙凤门是整个陵区的总神道，过了龙凤门，神道便开始分别通向不同帝王的陵区。之后的神道上首先要经过陵区的神道桥。孝陵的神道桥最有特色，是一座七孔桥。这座七孔桥别致而神奇，桥的栏板构造尤为特殊：栏板石料中，含有50%以上的方解石，方解石含有铁质，被敲击时能发出钟磬般的声音；建造时又按着每块栏板含铁量的不同，排列成了古代音律的宫、商、角、徵、羽。因此这个七孔桥也被叫作"五音桥"（图1-123）。

过了神道桥，东侧是一个四方的院落，这里是为祭祀准备牺牲品的神厨库，内有神厨、神库、省（shěng）牲亭①。神厨库北面，有一座神道碑亭，又名"小碑亭"。碑亭四壁开门，亭内立又一座龟趺石碑，上刻有顺治的谥号；在其北边，神道东西两侧，各建有朝房五间；再向北便是孝陵的陵园了。

孝陵陵园的大门叫作"隆恩门"

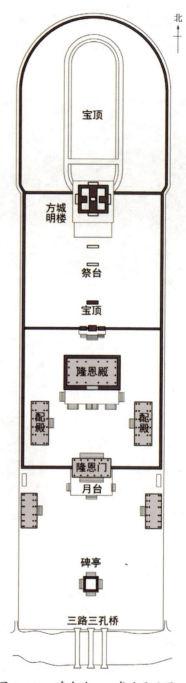

图 3-122 清东陵——孝陵平面图

---

① 省牲亭：祭祀前，主祭和助祭人员检查祭祀用牲畜的地方。

第三章 权力的象征——皇家建筑

图 3-123　清东陵——孝陵七孔桥

（图 3-124）。正门上挂有红边青底镶嵌鎏金的"隆恩门"匾额，用汉、满、蒙三种文字书写。隆恩门有 3 座红漆墙体的大门，在每扇门上都有 81 颗鎏金铜钉，还有一副兽首环门铺。

进入隆恩门，便见一条笔直的神道直通一座巨大的台基。台基为须弥座，殿前有月台，月台通过丹陛与神道相连。台基由汉白玉制成，石栏杆上有龙凤望柱柱头。隆恩殿坐落其上。

隆恩殿是整个陵园的主体建筑（图 3-125）。"隆恩"改自明代陵寝中的"祾恩"。整个建筑面阔三间，内有三间暖

图 3-124　清东陵——孝陵隆恩门

图 3-125　清东陵——孝陵隆恩殿

179

阁。屋顶为重檐九脊歇山顶，上铺黄色琉璃瓦。隆恩殿两侧有东、西配殿。

隆恩殿后有3座琉璃花门，叫作"陵寝门"（图3-126）。门两侧与红墙相连，门前有石阶踏跺。以此为界，整个陵园被分为前后两部分。隆恩门到陵寝门之间为"前"，仿照帝王生前居住的宫殿模样建造；陵寝门之后的部分为"后"，叫作"寝宫"。

图 3-126　清东陵——孝陵陵寝门

进入陵寝门，迎面耸立着两个石柱，石柱之间夹有一个木制斗拱和扇门，上铺琉璃瓦顶，这座牌坊叫作"二柱门"，唯有皇帝陵内才可以设置。其后是石五供，虽然是必须有的，但只是一种象征性的祭台，既不能焚香燃烛，也不能插花献供。

石五供（图3-127）北有一条水沟，越过其上的平桥，便来到了整个陵园中最高的建筑——明楼。明楼在四壁各留有一个券洞，正南面的券洞上，两檐之间，悬挂着"孝陵"字样的匾额。明楼之内正中，立有"朱砂碑"，碑南面刻有满、汉、蒙三种文字。

图 3-127　清东陵——孝陵石五供

与明陵的建造方法一样，清孝陵的明楼之下为方城，方城与宝城相连，宝顶和地宫都建在宝城之内。宝顶之下，是顺治皇帝长眠的地宫。据历史记载，顺治皇帝崇尚节俭，反对厚葬。民间盛传顺治皇帝的地宫只是一座空冢，孝陵也因此成为清东陵中唯一未被盗掘的帝王陵寝。

清西陵

清西陵位于河北省易县城西15千米处的永宁山下，东距北京市120千米。虽然规模没有清东陵大,但是保存更为完整。整个陵区北起奇峰岭,南到大雁桥,东至梁格庄,西至紫荆关。陵区内共有帝陵4座,后陵3座,王公、公主、妃园寝7座,共14座。建筑面积5万多平方米,围墙长达21千米,共有宫殿千余间,大部分都保存完好。

清西陵始建于雍正年间。雍正的泰陵及其皇后的泰东陵,位于清西陵陵区的中部。泰陵的西侧为嘉庆的昌陵及其皇后的昌西陵。昌陵的西侧为道光帝的慕陵及其皇后的慕东陵。泰陵东侧为光绪帝的崇陵。各陵之间有小路相通,但整个陵区的布局不如清东陵整齐集中。在各个帝后陵之后还有妃园寝,以及王公、公主园寝。整个清西陵共埋葬4个皇帝,9个皇后、27个妃嫔,再加上王公、公主等共计76人。

清西陵的建筑形式和布局基本与清东陵相同,以大红门为整个门户,门前有一座单路五孔桥。陵区主要建筑按照从南到北、从前到后的顺序依次为:石像生,大碑楼,大、小石桥,龙凤门,小碑亭,神厨库,东、西朝房,隆恩门,隆恩殿,琉璃门,二柱门,石五供,方城,明楼,宝城,宝顶,地宫等。在陵区东部有乾隆年间修建的行宫和喇嘛庙①,为皇族祭祀时居住和念佛使用。光绪年间,在高碑店和梁各庄之间修筑了一条铁路,是帝后谒陵时的专用通道。

清西陵的中心——泰陵

泰陵是雍正帝的陵寝,始建于雍正八年(1730),历时8年,主体工程于乾隆元年(1736)九月完工。(图1-128)

图3-128 清西陵泰陵

---

① 喇嘛庙:藏传佛教寺庙。

泰陵的神道长达2500米。神道最南端为火焰牌楼，面阔3间，门顶有石雕火焰，寓意逢凶化吉和皇族兴旺。火焰牌楼的北面是一座五孔石拱桥。过桥向北，沿着砖石铺就的神道走，可以看见3座巨大的石牌坊；其中一座朝南，另外两座分别朝向东、西，与背面的大红门一起形成了巨大的围合空间。泰陵的这种入口形式，在历代帝陵中是首创。3座石牌坊大小相等，每座高约13米，宽约32米，所用石材均为蓟县樊山的青白石料雕刻而成。

走过大红门，有一座具服殿和石坪桥。再向北是圣德神功碑楼，碑文内容是有关雍正帝的功德，由乾隆帝书写。碑楼北面，经过七孔石拱桥，神道两侧排列着1对石望柱，5对石像生（石狮、石象、石马、武将和文臣各1对）。再向北，是一座三门六柱的龙凤门，经过一座单路三孔桥和一座三路三孔桥就来到泰陵的小碑亭处，碑亭内的神道碑上镌刻着雍正的谥号，之后就能看到泰陵的陵园了。

陵园从隆恩门开始，其形制和规格与清东陵基本一致。隆恩门面阔五间，进深两间。进入隆恩门后就是隆恩殿，隆恩殿坐落在汉白玉须弥座上，屋顶是重檐九脊歇山顶，上覆黄色琉璃瓦，檐间匾额上用满、汉两种文字写着"隆恩殿"三个金字。殿内有三间暖阁：中间为明阁，设神龛供奉帝后牌位；西暖阁内有宝床，上设檀香龛座，供奉嫔妃牌位；东暖阁内有两层佛楼，里面供奉金银佛像。大殿内的地面满铺金砖，有4根沥粉贴金的大柱，金龙绕柱。（图3-129）

隆恩殿后是3座琉璃花门，并列在三路石阶踏跺上，两旁与宫墙相连，将整个陵园分为前朝和后寝两部分。

进入琉璃花门，可以看见石五供，这里是专供皇太后、皇后、嫔妃、公主等皇族女眷祭祀的地方。

图3-129　清西陵——泰陵隆恩殿

泰陵的方城、明楼、宝城等建筑都与明十三陵里的陵墓相仿。月台之上的方城，呈正方形，长宽均为 20.55 米，高为 15.4 米。方城上有平台，周边砌有城垛，平台中间是明楼。明楼内有朱石碑一座，须弥座，游龙浮雕；石碑朝南的一侧，用满、汉、蒙三种文字写着"世宗宪皇帝之陵"。明楼两檐之间处的额题，是用满、汉、蒙三种文字写的"泰陵"二字。（图 3-130）

方城南北开有拱券门，内设城门，通往明楼及宝城。宝城之内的巨大黄土丘就是宝顶，宝顶之下的地下深处就是雍正帝的地宫。

图 3-130　清西陵——泰陵方城、明楼

第四章
特色鲜明的儒释道建筑

壹 礼乐同辉的儒雅之堂——孔庙（文庙）
贰 修心问善的敬佛之所——寺院
叁 石窟——佛释建筑的第三种代表类型
肆 返璞归真的『神仙洞府』——道观（道宫·道院）

建构华夏

壹 礼乐同辉的儒雅之堂——孔庙（文庙）

入世济国的儒家思想

儒家学说始于孔子（前551—前479），经后世学者不断发展与完善，逐步形成了一个以"仁、义、礼、智、信"等德目为核心的庞大思想体系，在中国传统文化中占据着主导地位。

"礼"是儒家思想的核心之一，秩序与和谐是其精神内涵，宗法与等级构成其骨架。钱穆先生曾说道："在西方语言中没有'礼'的同义词。它是整个中国人世界里一切习俗行为的准则，标志着中国的特殊性……要了解中国文化，必须站到更高来看中国文化之心。中国的核心思想就是'礼'。"

作为儒学宗师，孔子备受尊崇，成为世人尤其是士大夫顶礼膜拜的偶像。正是这样的历史背景，中国古代社会才会出现文庙祀典经久不衰且日益繁复的盛景。而经历2000多年的发展，文庙祀典成为一种规模庞大而完整的官方祭祀仪式。

孔庙，兴建于西汉的尊儒建筑

孔庙，是一种用以纪念和祭祀孔子及历代儒学大家的礼制建筑，因与祭祀关羽的"武庙"对应，所以也称"文庙"。据山东曲阜孔庙历史记载，孔子逝世后第二年，鲁哀公将其故所的居屋作为寿堂，每年举行祭祀，这可以看作最早的孔庙。

历史上，大规模修建孔庙的风气始于西汉。自从汉武帝推行"罢黜百家，独尊儒术"的政策，封孔子为"褒成宣尼公"，将儒学奉为"官学"，奉祀孔子的庙宇便逐渐多起来。南北朝时期，北魏孝文帝下诏，命全国各郡的县学均要奉祀孔子，开孔庙与学官并置的先河。唐宋时期，孔子的地位进一步提升，唐开元初年，皇帝下诏"各州县皆立孔庙"，此后孔庙遍布中国。到清朝末期，孔庙已有1500多座，遍布中国大江南北。至今，全国还存有孔庙90多座，日本、朝鲜、越南、德国、美国等国还保存有孔庙。

四大孔庙，两大"国庙"

在中国有"四大孔庙"之说，即山东曲阜孔庙、北京孔庙、广西恭城孔庙和台湾台北孔庙。因山东曲阜为孔子的故乡，所以曲阜孔庙是所有孔庙的"本庙"，其他孔庙的建制与规模都参照曲阜孔庙的基本模式，且礼制规格不可以超过曲阜孔庙。

在中国享有"国庙"地位的孔庙有两座，即曲阜孔庙和北京孔庙。这两座孔庙的建筑等级最高。其余各府级、县级孔庙，根据等级不同，在建筑式样、装饰及用材等各方面都要严格遵循礼制。例如在孔庙建筑中，中轴线上排列的庭院数量，曲阜孔庙采用了九进院落，这是中国传统建筑中的最高形制；而各级地方孔庙多采用规格较低的三进或五进院落。

我们主要介绍这两座最具代表性的"国庙"。

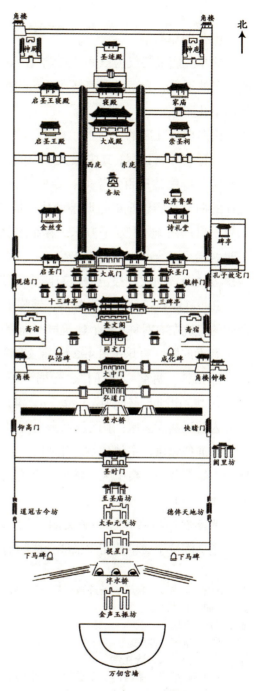

图 4-1　曲阜孔庙平面图

山东曲阜孔庙

曲阜孔庙最初仅为三间"寿堂",汉武帝尊儒之后,祭祀孔子的活动备受统治者的重视。为满足皇家祭孔活动的需要,汉桓帝永兴元年(153)下诏重修曲阜孔庙。

山东曲阜孔庙的史料中,有关维修扩建的记录有100多处,特别是宋代以来,记载非常详尽;其中最大规模的一次修缮是宋真宗天禧二年(1018),增建殿阁廊庑达三百六十间,令曲阜孔庙成为模仿王宫制式的庞大建筑群。现存的曲阜孔庙建筑群是明清两代完成的,位于曲阜城内中心鼓楼西侧300米处,目前占地14万平方米,南北长达约1000米。(图4-1)曲阜孔庙曾于明弘治十二年(1499)和清雍正二年(1724)两次遭受火灾,主要建筑两次被焚毁,两次均拨巨款重新修建,使得曲阜孔庙得以保存至今。

曲阜孔庙建筑群有九进院落,铺陈于一条南北走向的中轴线之上,中轴线两侧的建筑左右对称;整个建筑群四周围高墙,配以门房、角楼,其中著名的建筑有大成殿、杏坛(图4-2)、奎文阁等;整体格局包括五殿[1]、一阁[2]、一坛[3]、两庑[4]、两堂[5]、八门[6]、一祠[7]、三坊[8]、一座万仞宫墙、(图4-3)17座碑亭,共466间,分别建于金、元、明、清和民国时期。曲阜孔庙九进院落可分为前后两大区域:前区包括奎文阁以南五进院落,为庙宇的前备区,供祭祀之前准备和烘托主体建筑之用;后区包括奎文阁以北的五组庭院,是曲阜孔庙的主体部分——祭祀区。整个庙宇黄瓦重檐,庄严肃穆,布局严谨,气势恢宏。(图4-4)

曲阜孔庙图书馆——奎文阁

奎文阁位于曲阜孔庙中轴线大成门前,为曲阜孔庙中最高大的建筑,是一

---

[1] 五殿:大成殿、寝殿、圣迹殿、启圣王殿、启圣王寝殿。
[2] 一阁:奎文阁。
[3] 一坛:杏坛。
[4] 两庑:东庑、西庑。
[5] 两堂:金丝堂、诗礼堂。
[6] 八门:棂星门、圣时门、弘道门、大中门、同文门、大成门、启圣门、承圣门。
[7] 一祠:崇圣祠。
[8] 三坊:道冠古今坊、德侔天地坊、金声玉振坊。

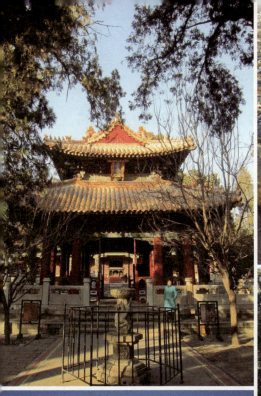

	图 4-4	图 4-2	曲阜孔庙杏坛
图 4-2		图 4-3	曲阜孔庙万仞宫墙
图 4-3	图 4-5	图 4-4	曲阜孔庙全景
		图 4-5	曲阜孔庙奎文阁正面

座藏书楼。（图 4-5）奎文阁创建于宋代初年，金明昌二年至六年（1191—1195）重建，钦命名为"奎文阁"，此时的奎文阁是一座面阔五间、三重檐带平坐的楼阁。后在明代弘治十七年（1504）重建为面阔七间、进深五间、三重檐的楼阁。奎文阁采用黄色琉璃瓦歇山顶，外观两层实为3层，中间有一个无窗的夹层；底层柱为"殿阁造"，46根柱子等高，顶层则为"厅堂造"，依据柱子所在的位置定柱高；底层正面带廊，顶层平面向内缩小约半个柱径，且四面做回廊，上小下大结构稳定；上层下层的斗拱使用也不相同，下层内外

都出五踩斗拱①，平坐及上层只有檐口设置斗拱，且斗拱的高度占柱高的2/7，形式比例都是明代的结构风格。奎文阁的小木作较为简单，门窗均为方棂格，利于通风采光；楼梯单跑直上，与地面成53°夹角，极为陡峭且楼梯间光线昏暗；顶楼为彻上明造，没有天花板，形成了高大宽敞的藏书阅览空间，底层的天花板就是夹层的楼板，整体风格十分质朴。

曲阜孔庙主殿——大成殿

大成殿名称中的"大成"二字，取自《孟子·万章》中"孔子之谓集大成"，赞扬孔子是集先圣之德的圣人。

现存大成殿是雍正八年（1730）竣工的建筑，面阔九间，进深五间，庑殿重檐顶，屋顶为黄色琉璃瓦，这个规模已经是比照皇宫大殿的形式了。大成殿前方设有露台，供祭祀使用。大成殿内部空间是三级长方形台阶状，由三圈不同高度的柱子支撑天花板，与宋《营造法式》"金厢斗底槽"相似，但

图4-6 曲阜孔庙大成殿

---

① 五踩斗拱：斗拱在柱上里外各出一跳称"三踩斗拱"，出二跳称"五踩斗拱"，出三跳为"七踩斗拱"，出四跳为"九踩斗拱"。

更加强化了整体性。大成殿装饰上的突出特点是前檐有 10 根清代蟠龙柱,每根柱子上有两条龙,造型雄浑;构图上东西两边的柱子两两相对做相反方向布置,使大成殿更加华美壮丽。(图 4-6)

孔庙的诞生和发展是民族文化自觉意识和当政者推崇倡导相结合的产物。值得一提的是,孔庙的拜祭活动一直未曾因时代的变迁而受到太大影响,现在孔氏后人每年都会在曲阜孔庙祭奠先人。

北京孔庙

在中国孔庙的组群中还有一种重要的组合方式,即"庙学合一"或"庙学共存"的思想,北京的孔庙与国子监就是典型的例子。

北京孔庙国子监建筑群始建于元大德六年(1302),位于北京古城的东北,现东城区的国子监街。孔庙是元、明、清三朝皇帝祭孔的场所,国子监是元、明、清三代朝廷的最高学府。北京孔庙与国子监相邻而建,它们的组合形式称为"左庙右学"。

北京孔庙占地约 2.2 公顷(2.2 万平方米),中轴线上的主体建筑为先师门(棂星门)、大成门、大成殿。北京孔庙的主殿为大成殿,位于三进院落的中间院落。大成殿坐北朝南,前方有露台,露台前、左、右砌筑了石台阶,正中御路嵌有一块长 7 米、宽 2 米的大青石浮雕。大成殿面阔九间,进深五间,重檐庑殿顶,屋面为黄色琉璃瓦,符合"九五至尊"的规制。(图 4-7)

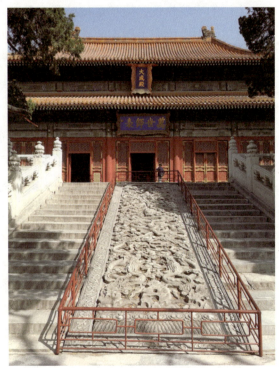

图 4-7 北京孔庙大成殿

贰 修心向善的敬佛之所——寺院

佛寺建筑在中国的源起

佛教起源于古印度，由印度王子释迦牟尼开创，因而又被称为"释"教。据史料记载，东汉时期，汉明帝刘庄在洛阳为天竺（古印度）高僧迦叶摩腾和竺法兰兴建了寺院——白马寺。这是中国历史上第一座佛寺。此后，佛寺建筑在中国历经上千年的变迁，逐渐成为中国传统建筑中的重要组成部分。

佛寺建筑的中国式演变

以"塔"为中心到以"殿"为中心

中国的寺院建筑，最初是按照印度及西域的式样建造的。因为印度的佛寺一般用塔来安放死去僧人的舍利子①，而僧人们都面向塔打坐冥思，所以，中国寺院最初的建筑模式，是以佛塔为中心的方形庭院。

两晋南北朝时，出现了另一种"舍宅为寺"的寺院——当时敬佛的富庶施主兴起一种"积德"之风，即将自己多余、闲置的住宅捐出，用于改建寺院。而中国传统住宅常常是以院落为单位的布局形式，在中轴线上布置主要厅堂；院落被改建为寺院后，这个主要厅堂就成为大殿，自此就形成了独具中国特色的寺院建筑形式——佛塔和大殿并列为中心，或完全以大殿为中心，将佛塔放到别院。

隋唐时期，大佛寺的主体部分受"对称式布局"的影响，沿中轴线排列山门、莲池、平台、佛阁、配殿及大殿等。大殿是全寺中心，佛塔则退居到后面或一侧，自成塔院；也有建双塔矗立大殿或寺门前的格式。有些较大的寺庙除了中央一组主要的建筑外，又按用途划分了许多庭院，最多的建有10处庭院，如药师院、罗汉院、观音院、祖师院、方丈院等。

---

① 舍利子：佛陀或高僧遗骨火化后结成的珠状结晶体。

因时代而创新、更替的建筑类型

隋唐时期高僧辈出、各立宗派，宗派的特色影响了当时佛殿建筑的造型和风格。

"净土宗"需要用壁画的形式展现"西方净土世界"，这促进了这一主题的彩绘壁画的发展，也出现了有"净土特色"的建筑，如弥陀阁、十二观堂、接引佛殿、极乐世界等。

"律宗"以"坚持戒律"为特色，所以寺中多建有戒坛殿。

"禅宗"以"明心见性"为宗旨，后来发展为聚众"参禅说法"，因此禅宗寺院内出现了"法堂"。

唐晚期"密宗"盛行，因此，佛寺出现了"十一面观音"和"千手千眼观音"的形象，又产生了刻有经文的"石幢[①]"(chuáng)。此时，寺院建筑内，"钟楼"的设置已经成熟，一般位于寺院轴线的东侧；明代中叶开始，又在轴线的西侧建立了"鼓楼"，并将钟楼和鼓楼[②]一起移到山门附近。

元代藏传佛教兴盛，除了佛殿外，供喇嘛念经用的经堂建筑，成为新的建筑类型，寺院中每一个学院都有单独的经堂，整座寺院还有一座共用的大经堂。经堂是内部空间很大很空旷的建筑，最大的经堂可容纳三四千名喇嘛同时诵经。

明清时佛寺更加规整化，大多依中轴线对称布置建筑，如山门、钟楼、鼓楼、天王殿、大雄宝殿、配殿、藏经楼等，塔已经很少了，方丈院、僧舍、斋堂、香火厨等布置在寺侧。从佛寺的总平面布局来看，寺院建筑的发展几近停滞。

经过千年的变化，明清时期中国的佛寺建筑已经完全脱离了印度宗教建筑的影子，形成了中国特有的传统建筑形式。中国佛寺建筑中最具代表性的类型为佛殿、佛塔、石窟。

---

① 石幢：刻有经文的石柱。
② 钟楼：悬挂大钟的楼，提供时间提示。鼓楼：放置巨鼓的建筑，用以悬鼓报时，或于典礼时敲击。

佛殿建筑赏析——五台山南禅寺大殿

五台山南禅寺大殿，是中国现存最古老的木结构建筑，也是目前所知的唯一"唐武宗灭佛①"前建造的佛寺。因其所处地理位置偏僻，所以才逃过"会昌法难②"及历代战火，得以保留至今。

南禅寺大殿虽然得以幸存，却几乎被人遗忘，直到20世纪50年代才被发现。根据殿内梁底题记，南禅寺大殿曾于大唐建中三年（782）重修，这表明其创建年代应早于这个时间。除了大殿外，南禅寺内还有山门、罗汉殿、伽蓝殿、护法殿、观音殿、龙王殿等配殿及禅房，均为明清时期建造。

南禅寺大殿面宽三间，进深三间，平面近正方形，下有台座。明间是有门钉装饰的双扇板门，左右设直棂窗，木柱镶嵌在厚墙内。

大殿的屋顶为单檐歇山九脊顶，飞檐舒展深远，正脊略带曲线，两端有巨大鸱尾，左右拱卫。大殿的屋面坡度极为缓和，显现了唐代"举折式"屋面的特色。（图4-8）

图4-8 南禅寺大殿外观

---

① 唐武宗灭佛：唐武宗在会昌年间（842—846）发起的"毁佛运动"，大规模拆毁佛寺，强迫僧尼还俗。
② 会昌法难：同上。

屋檐下斗拱简练大方,纵向内外用双华拱,横向一跳出横拱,二跳为刻在枋上的隐出拱,为唐代木构造常见手法。(图 4-9)

屋架上采用彻上明造,也称为"露

图 4-9 南禅寺大殿斗拱

明造",室内无天花板,屋架内的木结构清晰可见,其中脊梁下方以两支斜柱固定,形成"人"字形"大叉手"。这是唐代木构建筑的常用做法,最早见于南禅寺大殿。(图 4-10)

因为体量小巧,木柱与厚墙结合,故南禅寺大殿内无柱,空间开敞而舒展;柱子使用微向内倾的侧脚,角柱微微升起,结构更加稳重。殿内空间与佛像关系非常协调,主佛像释迦牟尼与其他 16 尊塑像形态各异,均为唐代造像,表情生动姿态各异,艺术价值极高。(图 4-11)

左图 4-10 南禅寺大殿内部梁架
右图 4-11 南禅寺大殿殿内彩塑

佛殿建筑赏析——五台山佛光寺东大殿

五台山佛光寺东大殿与南禅寺大殿一样，都是中国罕见的、保存至今的唐代木构建筑，相传创建于北魏孝文帝时期（471—499）。佛光寺内的祖师塔，建造于北魏，是寺内最古老的建筑物。7世纪唐代高僧的传记中经常提到这座香火兴旺的寺院，但在唐武宗"会昌法难"之后，五台山多处寺院遭毁，佛光寺也不例外，目前所存的东大殿为唐大中十一年（857）重建。（图4-12）

佛光寺东大殿面阔七间，进深四间，四周不作副阶周匝，大殿建在低矮的砖石台基上。明间、次间、梢间都装板门，尽间及山墙后部装直棂窗，其余部分为厚墙包砌。大殿为单檐庑殿顶，几乎与墙身同高，显得尊贵巨大；屋顶出檐深远，屋面坡度舒缓，檐下斗拱硕大疏朗，正门匾额上书"佛光真容禅寺"（图4-13）。

东大殿的建筑结构，采用内外柱等高的"殿阁式"。大殿平面呈长方形，由外圈檐柱构成"外槽"，内圈内柱构成"内槽"，两者之间以木梁斗拱连接，这种构造在《营造法式》中称为"金厢斗底槽"。入口门板装设在外槽第一排位，内槽高大宽敞的空间中，设置面宽为五间的大型佛

图4-12　佛光寺东大殿外观

图4-13　"佛光真容禅寺"匾额

台。圆形的柱子顶部等齐，高度为直径的八九倍，其上以层层斗拱塑造屋顶的坡面。（图4-14、图4-15、图4-16）

佛殿建筑赏析——正定隆兴寺

正定隆兴寺位于石家庄北15千米的正定县城内，又称"大佛寺"，创建于隋代开皇六年（586），原名"龙藏寺"，唐代改为"龙兴寺"；宋朝开宝四年（971）太宗赵匡胤下令在龙兴寺内铸造著名的大悲菩萨，又称"千手千眼观音"，并重建大悲阁；清康熙年间改名为"隆兴寺"。隆兴寺是"全国十大名寺"之一，是现存佛寺中保有最多且最完整宋代建筑的寺院。

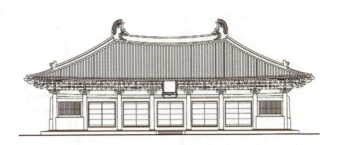

图4-14 佛光寺东大殿立面图

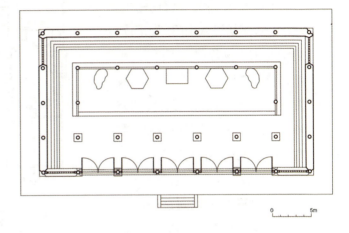

图4-15 佛光寺东大殿平面图

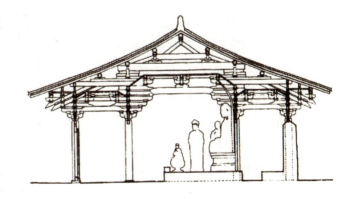

图4-16 佛光寺东大殿横剖面图

隆兴寺的建筑布局

隆兴寺的总平面大体保存了宋代风格,建筑沿南北向的中轴布置,主体建筑沿中轴线对称,纵深方向长度近500米,前后可分为两段。(图4-17)

隆兴寺前半段最南为一座高大的琉璃照壁,沿三路石拱桥向北,经过牌坊进入山门。山门始建于北宋,也称"天王殿",是隆兴寺现存4座宋代建筑中最古老的一座。穿过山门,门内鼓楼、钟楼整齐地排列在中轴线左右,已成为遗址的大觉六师殿后是左右配殿,正北即为摩尼殿。

摩尼殿的正北向是一座木构的牌楼,分隔了隆兴寺的前半段和后半段。

穿过牌楼先看到戒坛,戒坛向北是现在已不存的韦陀殿,韦陀殿后是两座左右对称的二层楼阁,左为转轮藏殿,右为慈氏阁。

慈氏阁和转轮藏殿再往北为东、西碑亭和佛香阁(宋代称大悲阁),最后是弥陀殿。方丈室和僧舍在大悲阁东侧。隆兴寺的生活区和主要佛教建筑是完全分隔开的。

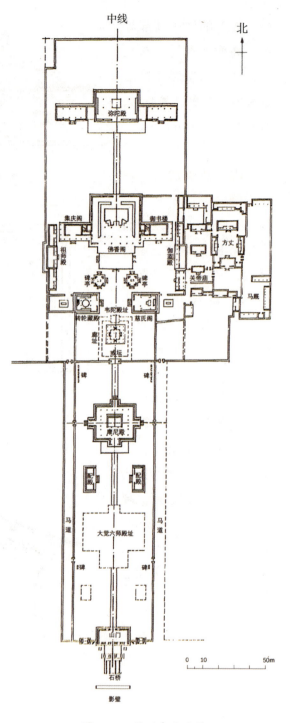

图4-17 隆兴寺平面图

隆兴寺建筑——戒坛

戒坛是佛教僧徒受戒时举行宗教仪式的场所。在古代，规模较小的寺院没有资格设有戒坛，而隆兴寺自从宋代奉皇令扩建以后，宋、元、明、清历代都由皇帝敕令重修，颇受重视，因此设有戒坛（图4-18）。隆兴寺戒坛是"北方三戒坛"之一，其余两座分别在北京戒台寺和五台山清凉寺。隆兴寺戒坛为一座亭台式的建筑物，现存为清代重建，屋顶为四角攒尖顶，四面均出檐3层；面宽五间，进深五间，接近正方形，坛内供奉明代铜铸的双面佛像。

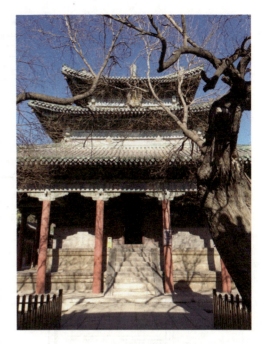

图4-18 隆兴寺戒坛

隆兴寺建筑——摩尼殿

摩尼殿是隆兴寺最独特的建筑（图4-19）。它的屋面是重檐九脊歇山顶，屋顶坡度和缓，依然有唐代的风格，但是坡度更陡峭一些；正殿建在1.2米高的台座上，前设月台；面阔七间，进深七间，近乎正方形，外檐檐柱间砌封闭的砖墙，内部由两圈柱网围合而成；四面各凸出一个山花向前的歇山式抱厦，东、西、北抱厦为单

图4-19 修缮中的摩尼殿

199

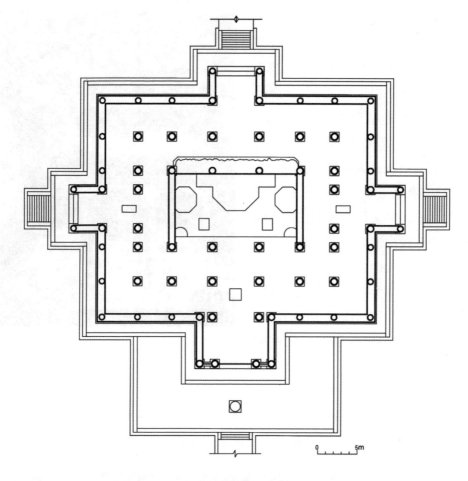

图 4-20　摩尼殿平面图

跨面阔,只有南侧抱厦为三跨。(图 4-20)外墙除了抱厦开门设窗外,只有上下檐之间的直棂窗可以通风。

隆兴寺建筑——转轮藏殿

转轮藏殿始建于北宋(图 4-21)。它的屋面为歇山顶,面宽三间,进深三间,一楼正面前带抱厦,入口处设门窗,其他墙面均为封闭。转轮藏殿内设一个可转动的八角亭式的储经柜(图 4-22),因此将中列内柱向两侧移动,使移动的内柱与檐柱组成六角形平面;殿内不设天花板,梁架都暴露在外,下层为了避开储经柜的"屋顶",在正面与山面的当心间檐柱

图 4-21 转轮藏殿　　　　图 4-22 转轮藏殿内八角亭式储经柜

上使用了曲梁;二层屋架上以大叉手和蜀柱①支撑中脊,四椽栿②上也用蜀柱及大斜柱来支撑;由于柱身较高,檐柱与内柱之间使用顺栿串③以加强联系,上下层柱交接处大都采用叉柱造④,但平坐檐柱与下层檐柱的交接则采用了缠柱造⑤。

隆兴寺建筑——大悲阁

大悲阁是隆兴寺的主体建筑,始建于宋代开宝四年(971),与东西两侧的御书楼和集庆阁相连。(图 4-23)大悲阁是寺中最高大的建筑,高达 33 米,大部分为近代重修;屋面为歇山顶,阁内有高 24 米的千手千眼铜铸观音,是宋代创建大悲阁时铸造的。据隆兴寺碑文记载,大悲阁"先铸佛,后盖

---

① 蜀柱:又称"侏儒柱",古代木建筑中使用的木构件,指立于梁上的短柱。
② 四椽栿:栿就是梁,栿上面横向的构件是槫,现在称为"檩条",槫上面纵向搭的小木棍是椽,两条槫之间的椽子称为一架椽,托四架椽子的栿,称为"四椽栿"。
③ 顺栿串:在梁的下面,安于两柱之间与梁平行的枋,称"顺栿串"。
④ 叉柱造:上层柱下端十字开口,插入下层柱上斗拱内。
⑤ 缠柱造:在下层柱端增加一斜梁,将上层柱立于此梁上。

建构华夏

楼""就地支锅,屯土增高,分节铸,再加雕刻"。隆兴寺大悲阁中的铜铸观音是中国古代铜制工艺品中现存最大的一件作品。

佛殿建筑赏析——蓟县独乐寺

独乐寺位于天津市蓟州区,是中国仅存的"三大辽代寺院"之一。独乐寺虽为千年名刹,但创建时间已不可考证。相传独乐寺是安禄山反叛誓师的地方,"独乐"的名字也是安禄山所命,大概是因为安禄山"思独乐而不与民同乐",所以才有了这个名字。

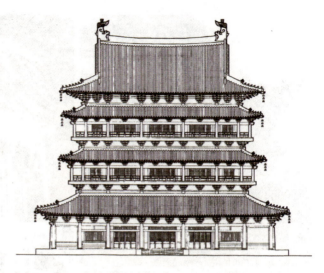

图 4-23 大悲阁立面复原图

独乐寺的布局

古文献记载,独乐寺在辽代重修,而独乐寺的观音阁始建于辽统和二年(984),学者推测独乐寺创建时间最迟也应该是在唐初。现存的独乐寺中,山门和观音阁是辽代建筑,其余都是明清重修的建筑。山门和观音阁都位于独乐寺中轴线上,从山门的明间洞口看向内院,正好可以把观音阁框入门中,从距离到比例应该都是经过精妙设计的。唐宋以来到近代,中原几经战火,独乐寺的山门和观音阁作为木结构建筑能留存至今堪称奇迹。

独乐寺建筑——山门

独乐寺山门的屋面是少见的庑殿顶,因为庑殿顶在屋顶形式中级别较高,用于山门未免有些大材小用。但独乐寺山门的庑殿顶形式非常美好:出檐深远,坡度平缓;正脊的鸱吻生动古朴,是辽代的原物,而鸱吻的尾巴朝向屋脊,这正是唐代的做法。(图 4-24)山门面宽三间,进深两间,明间比梢间略宽,柱头略向内偏;山门不设天花板,仰望可以对它的构造一目了然,梁上使用叉手,稳定屋架,中梁下还能看见侏儒柱。南面梢间立着哼哈二将两尊雕像，北面梢间画着"四大天王"壁画。山门南面悬挂着"独乐寺"的匾额，相传是严嵩的手笔。

独乐寺建筑——观音阁

进入山门正对观音阁（图4-25）。观音阁建在石造的台基上，前方有月台；面阔五间，进深四间。外观两层，内部其实是3层，中间有一个暗层，为了安放高16米的十一面观音菩萨泥塑雕像。屋面为歇山顶，斗拱宏大出檐深远，二层顶面其实是由斗拱挑出一圈观景平台组成的，由于一层的四坡屋面与二层平台离得很近，所以这个暗层就在外观上被忽略了。

图4-24　独乐寺山门

图4-25　观音阁

走进观音阁，起初只能见到莲花座和硕大的平台，再向前走，才能从六边形的中庭仰望整尊高大庄严的塑像，因二层的暗层无窗，恰好使塑像的腰部位置光线较暗，而三层隔扇门窗的光恰好照在塑像的头部，头顶有10个小佛面的十一面观音，神情安然慈悲，宗教的神秘与庄严在这一空间中表达得淋漓尽致。（图4-26）

观音阁的柱子分为内外两圈，大体等高，是典型的金厢斗底槽；28根立柱上放置了24种功能不同的斗拱，斗拱用材硕大结实，几乎占柱高的一半；斗拱上架梁枋，做里外两圈升起，用梁桁斗拱联结成一个整体，加强整个建筑物的抗震能力；结构基本上继承了唐代以来的"殿阁造"，将柱、梁枋、铺作三者重复使用，并巧妙地在暗层的梁柱框内增加斜撑木，提高构架的刚性和稳定性；容纳神像的中庭部分，二层开四边形的洞，三层开六边形的洞，

203

建构华夏

顶部的藻井是八边形的，各层的形状不同也强化了整体的刚性。（图4-27）独乐寺观音阁是中国现存最古老的木结构高层楼阁，也是中国现存双层楼阁建筑中最高的一座，其传统建筑技艺现在看来依然绝妙无比。

图 4-26 十一面观世音菩萨

佛殿建筑赏析——泉州开元寺

泉州开元寺始建于唐代，属于禅宗丛林①，形制布局接近"伽蓝七堂"。禅宗重视明心见性的顿悟，执行丛林清规，"伽蓝七堂"便是禅宗丛林的制式，包括佛殿、法堂、禅堂、山门、厨库、东司（卫生间）和僧寮七堂。（图4-28）

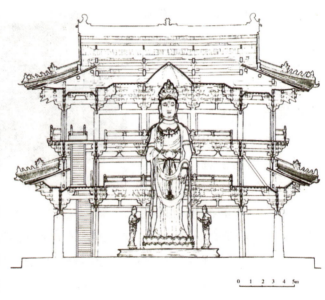

图 4-27 观音阁纵剖面

开元寺的建筑布局

开元寺坐北朝南，中轴线最南端，隔着西街的是紫云屏照壁，与山门隔街对望。山门后是拜亭，拜亭后是一个大院落，两边有石经幢、五轮塔及阿育王塔，正对面大台阶上即为大雄宝殿，大殿匾额上书"桑莲法界"（图4-29）。

---

① 丛林：僧人聚居之处，指寺庙。

传说开元寺原来是一座桑园，桑园的主人是一个姓黄的大财主。有一天黄财主梦见和尚化缘，请他捐出袈裟那么大的地作为寺庙，他以为袈裟范围不大就同意了，结果僧人将袈裟抛向天空，在日照之下形成了很大的影子。黄财主心中不舍，就有意为难和尚说，需要三天之内桑树绽出白色莲花，他才愿意捐地。结果三日之后满园桑树竟然绽放了雪白的莲花，黄财主被感化，于是毅然捐赠了寺址。这就是"桑莲法界"的来历，建寺的时候称为"莲花道场"，后来改名为"莲花寺"，唐朝开元年间才改叫"开元寺"。

开元寺建筑——大雄宝殿

开元寺的大雄宝殿是全寺的主体建筑，始建于唐

图 4-28　开元寺平面

图 4-29　"桑莲法界"匾额

朝，从唐朝到明朝不断重建和扩建，留存至今的是明朝重修后的建筑。在屡次修建中，大雄宝殿的面阔从最初的五间扩建到现在的九间，进深从原来的五间扩建到现在的七间；每次修建并没有将原平面毁掉，而是在原来的基础上扩建，还可以看出扩建的痕迹。大雄宝殿为重檐歇山顶，通高约 20 米。（图 4-30）殿内柱子密布，但是为了设置佛坛及参拜的空间运用了减柱造的做法，共有 86 根大石柱，承托抬梁式木构架，号称"百柱殿"。殿内斗拱共 76

朵，分布在周圈和前槽，其中明、次、梢间各有补间铺作两朵，尽间仅一朵。斗拱上雕有"飞天乐伎"24尊，飞天乐伎又称"妙音鸟"，开元寺使用精美的飞天乐伎装饰，甚至每一个乐伎的乐

图4-30　开元寺大雄宝殿

器都不同，如此独到的用心在国内极为罕见。大殿月台基座的印度风格雕刻，还有殿内印度风格的石柱图案，都表现了泉州在唐代作为通商口岸的繁荣，以及对各国文化的接纳与融合。

院落两侧的回廊从山门一直延续到大雄宝殿后的甘露戒坛，这是唐代以来佛寺的传统布局，明清佛寺通常不设廊道，改设配殿。大殿后方是甘露戒坛，再往北就是民国初年重建的藏经阁。

开元寺建筑——两座佛塔

大雄宝殿前东西两侧各有一座石塔，这两座塔原为木塔，宋朝改建为石塔。东塔为镇国塔，西塔为仁寿塔（图4-31），东塔较为高大。两座塔都是5层，平面为八角塔；须弥座台基雕刻了佛教故事，每一个角落都放置了一座金刚雕像；塔内中央立塔心柱用石质的梁枋与外墙相连，内部回廊设置旋转阶梯，绕塔心柱回旋向上；塔身每层的每一个面上都雕刻了金刚力士与佛像，外设观光平坐，可用来细观塔身或远眺城景；塔顶铁制的塔刹高

图4-31　开元寺西塔

耸，连接了8条铁链，铁链下端固定在八角屋顶的屋脊上。

最初传入中国的佛教寺院是围绕佛塔建造的，但在与中国传统文化融合之后，佛塔反而不重要了，开元寺正是这个阶段的例子——用两座佛塔衬托大雄宝殿，将大雄宝殿作为整座寺院的中心建筑。这样的布局在现存的古寺中也并不多见。

佛殿建筑赏析——拉萨布达拉宫

布达拉宫在拉萨市西约2.5千米的布达拉山上，是达赖喇嘛行政和居住的宫殿，是过去西藏地方统治者政教合一的统治中心，也是最大的藏传佛教寺院建筑群，据称可容纳僧众两万余人。布达拉宫相传始建于公元8世纪松赞干布王时期，后毁于兵祸，后由五世达赖在清朝顺治二年（1645）重建，重大的宗教、政治仪式均在此举行，同时又是供奉历代达赖喇嘛灵塔的地方。

布达拉宫依山而建，海拔在3700多米，外观13层，实际只有9层，全部都是石木建筑。下层带窗的碉楼大部分由白石砌成，只在屋檐的边上和石栏墙头用白玛草涂成红色。上部的红宫是整个建筑的主体，也是达赖喇嘛接受参拜和行政的地方，有经堂、佛殿、政厅、图书馆、仓库、灵堂、灵塔等。红宫东边的白宫是达赖喇嘛的住所，装饰十分华丽，西边为白色的僧房，是为达赖喇嘛服务的亲信喇嘛的居所。红宫之上建造了3座金殿和5尊金塔，阳光下金殿屋顶的镏金铜瓦金光灿烂，气势雄伟，是藏族古建筑艺术的瑰宝。（图4-32）

布达拉宫起建于山腰，大面积的石壁犹如悬崖峭壁，使建筑仿佛与山冈合为一体，气

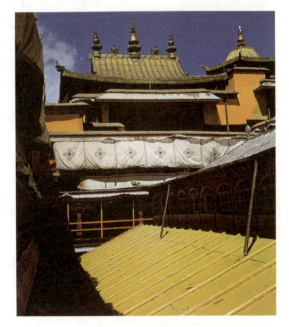

图4-32　布达拉宫金顶

势非常雄伟。总平面上没有使用中轴线和对称布局，但是在体量、位置与色彩上强调了红宫与其他建筑物的鲜明对比，依然达到了重点突出、主次分明的效果。（图4-33）

图4-33　布达拉宫外观

佛塔建筑赏析——楼阁式塔（山西应县佛宫寺释迦塔）

中国早期的佛塔受印度和犍陀罗[①]的影响比较大，楼阁式佛塔是佛教传入中国之后，在长期的文化融合中，逐渐发展而成的仿照中国传统楼阁式建筑设计建造的佛塔。楼阁式塔出现最早，历史沿用数量最多，是中国佛塔中的主流形式。塔的平面唐代以前多为方形，五代起八角形渐多，六角形比较少。佛塔最初全部使用木材，后逐渐过渡到砖木混合和全部使用砖石，完全使用木结构的楼阁式塔在宋代以后已经绝迹。

山西应县佛宫寺释迦塔是楼阁式塔中的典型代表，也称为"应县木塔"（图4-34）。释迦塔建于辽代清宁二年（1056），是国内现存唯一最古老与最完整的木塔。塔位于寺院南北中轴线上的山门与大殿之间，属于前塔后殿的布局。塔下有两层高台，第一层为方形，第二层是八角形，释迦塔也为八角

---

① 犍陀罗：今阿富汗东部和巴基斯坦西北部。

形；塔身外观 5 层，实为 9 层，有 4 个暗层外设平坐，这种做法与独乐寺观音阁基本一致；暗层梁柱之间设置斜撑，各层斗拱按照不同楼层与不同位置的需要设计各异。这些结构设计使释迦塔在地震来袭时可以大量分散并消耗摇晃的外力，具有绝佳的抗震性。

佛塔建筑赏析——密檐塔（河南登封嵩岳寺塔）

辽代、金代是密檐塔的鼎盛时期，在黄河以北至东北一带多见密檐塔，但元代后除了云南等边远地区外，几乎没有发现了。密檐塔的平面除了嵩岳寺塔是十二边形以外，隋唐多为正方形，辽代、金代多为八角形。密檐塔一般为砖石砌筑，底层比较高，上层设置密檐 5～15 层，大多不可以登楼远眺，有的虽然可以登楼，但是因为檐与檐之间距离比较小，窗口也就比较小，又没有设置观景平坐不能外出远眺，所以观览效果不如楼阁式塔。

河南登封嵩山南麓的嵩岳寺塔是中国现存最古老的密檐式砖塔，建于北魏，塔顶重修于唐代。（图 4-35）塔的平面是十二边形，这在中国的古塔中是孤例。来源于印度

图 4-34　山西应县佛宫寺释迦塔

图 4-35　河南登封嵩岳寺塔

的佛塔原来是作为供奉佛舍利的建筑，形状像倒扣的碗，嵩岳寺塔属于早期受到印度风格影响的塔，可以说是最具印度风格的中国古佛塔。隋唐以后中国佛塔的风格出现了极大转变，多数做成方形平面的密檐塔，近似于中国传统的楼阁建筑，嵩岳寺塔具有承上启下的过渡风格。嵩岳寺塔的塔基是简单的八角形素面台基；塔身层层出挑屋檐，共有 15 层密檐，密檐出挑使用叠涩，没有使用斗拱；塔顶是石雕塔刹，形式是简单的台座上置俯莲覆钵、束腰及仰莲，再叠相轮七重及宝珠一枚。嵩岳寺塔是由青砖和黄泥叠砌而成的，没有塔心柱，是一座塔壁厚达两米的空筒形塔，为了结构的稳定，内层空筒逐层减小，到塔顶以穹窿收尾，外形轮廓是向内收缩的和缓抛物线。

佛塔建筑赏析——单层塔（山西晋城法兴寺舍利塔）

单层塔大多用作墓塔或在塔中供奉佛像，平面有方形、圆形、六角形、八角形多种，外形模仿木结构，隐出柱、枋、斗拱等各种构件。

山西晋城法兴寺舍利塔，始建于唐咸亨四年（673）。以年代来看，同时期佛塔以砖制居多，石制佛塔较为少见。法兴寺舍利塔下层平面呈"回"字形，分内外室：内室为佛坛，外室为回廊；四壁满布壁画，人物形象端庄，服饰色彩深沉。上层向内缩进，为内室大小，安放舍利子及佛教经书，顶部藻井内浮雕八瓣莲花，塔中心之上有木制楼门，并安装悬梯。（图 4-36）

图 4-36 山西晋城法兴寺舍利塔

佛塔建筑赏析——喇嘛塔（北京妙应寺白塔）

喇嘛塔分布地区以西藏、内蒙古一带最多，多作为佛寺的主塔或僧人的墓，也有以塔门①的形式出现的。中原地区的喇嘛塔始建于元代。

北京妙应寺白塔是中国现存最古老的瓶形喇嘛塔，是崇信佛法的元世祖忽必烈定都于大都后，为了供奉迎来的释迦佛舍利，邀请尼泊尔工艺匠师阿尼哥在辽塔旧迹上修建的。塔高约50米，瓶形的塔身是由印度覆钵形塔演变而来的，塔身外抹白灰，与上部的金色宝盖交相辉映，外观甚为雄伟，后来成为各地喇嘛塔模仿的对象。（图4-37）

图4-37　北京妙应寺白塔

佛塔建筑赏析——金刚宝座塔（北京真觉寺金刚宝座塔）

金刚宝座塔是在高台上建5座塔，一般中间一座较为高大，四角的4座比较矮小，仅见于明、清两代，数量很少；高台上塔的样式一般为密檐塔或者喇嘛塔。

北京真觉寺金刚宝座塔为明代成化九年（1473）建成，砖石结构。它的外形为四方台形，顶部比基部收进约半米，造型端庄稳重。按外形可分为下层宝座和上层五塔两部分。下层宝座南北面各有一个拱券门，进入塔中可以看到顶部有蟠龙藻井。塔室中央竖立着方形塔柱，塔柱四方各设一个佛龛。宝座南门入口处的过室两侧各有石质台阶44级，藏在东西两面墙体内，可以上到宝座顶。宝座顶平台上分布5座密檐小塔、1座琉璃罩亭。塔身及宝座上都雕刻有佛像、梵文等各种纹饰，优美生动。（图4-38）

---

① 塔门：也称"过街塔"，塔建在横跨道路的高台上。

建构华夏

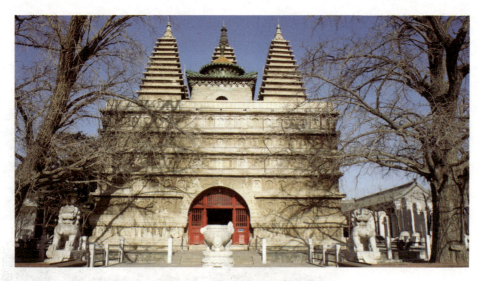

图 4-38　北京真觉寺金刚宝座塔

佛塔建筑赏析——傣族佛塔

傣族佛塔见于云南傣族地区，金碧辉煌，极富民族风情。塔一般为单建，但也有群建的情况，多数比例细长，形状高耸，与内地的佛塔形状迥异，色彩和各部装饰均采用具有浓厚民族传统的形式。（图 4-39）

傣族信奉小乘佛教，傣族佛塔建筑是一种具有独特风格的佛教建筑，是傣族人民将东南亚传入我国的宗教建筑形式与本民族传统建筑相结合而创造出来的。傣族佛塔分为泰式金刚宝座塔、缅式钟形佛塔、"串"字形佛塔、高基座佛塔、亭阁式佛塔、折角多边式佛塔、八角形密檐式佛塔等，造型丰富多样。

傣族佛塔在建筑艺术上有极为独特的一面，与中原佛教建筑物完全不同的动感、色彩、装饰使它们脱颖而出，让人印象深刻。

图 4-39　怒江下游的傣族佛塔

叁 石窟——佛释建筑的第三种代表类型

源于印度的洞窟式佛寺

石窟寺源于印度，是一种开凿在岩窟中的特殊的洞窟式佛寺。人们一般在石窟内雕刻、塑造佛像，绘制佛教故事，以此作为参拜和祭祀的对象。石窟寺大多地处偏远，不易到达，从而躲过历代兵灾人祸，保存较为完整。石窟寺就像古代佛教的艺术博物馆，其中精美绝伦的壁画、雕塑和石刻艺术作品都是中国历史和文化的重要宝藏。

石窟佛寺建筑的演变

公元 5 世纪晚期以前，中原北方石窟的艺术风格明显受西域石窟的影响；5 世纪晚期以后，佛教石窟在新疆以东逐渐形成了自己的艺术风格，中国各地的石窟发展尽管还具有地方特色，但都不同程度地受到全国主要的政治中心或文化中心盛行内容的影响。在造像塑造方面，由早期的宗教化、神秘化逐渐向中国化、世俗化发展；艺术风格也由浑厚粗犷、略显呆板向优雅端庄、飘逸灵动过渡，逐渐形成了具有中国特色的石窟艺术风格。

中国石窟寺建筑的主要特点

（1）以石为主，少有土木构筑：建筑以石洞窟为主，附属的土木构筑很少，留存下来的土木构筑物就更少了。

（2）建筑规模因洞窟而定：规模取决于洞窟的多少、洞窟的面积大小等。

（3）平面为带形展开：总体平面常依崖壁作带形展开，与一般寺院沿纵深方向布局不同。

（4）工程量大，更为耗时：由于建造需要开山凿石，所以工程量大，耗费时间也非常长；除了石窟本身之外，在石窟寺的雕刻和绘画等艺术中还保存了许多中国早期的建筑形象，石窟寺对于中国古代建筑史的研究来说也是丰富的材料库。

（5）石窟造像与壁画内容以佛教经典为源：佛像是石窟内造像与壁画的主体，在大乘佛教的经典中，佛不止释迦牟尼佛一个，石窟寺中有各种佛的形象。除了佛像，石窟中常见的造像还有菩萨、声闻[①]、罗汉[②]和八部护法[③]等。

中国石窟寺建筑的主要分布

中国的石窟寺主要分布于新疆、中原和南方三大地区。最早的石窟寺是建于2—3世纪的新疆克孜尔千佛洞，这表明了石窟寺是从西域沿丝绸之路传入的。中国最著名的三大石窟寺是甘肃敦煌莫高窟、山西大同云冈石窟、河南洛阳龙门石窟。此外，甘肃天水的麦积山石窟、永靖的炳灵寺，河北的南北响堂山石窟，四川的广元千佛岩，重庆的大足宝顶山石窟等也比较有名。

石窟建筑赏析——敦煌莫高窟

敦煌曾是丝绸之路的重镇和文化的交汇地。莫高窟又名"千佛洞"，位于敦煌市东南25千米处、鸣沙山和三危山交接处的峭壁上。（图4-40）

虽然莫高窟经过千百年的自然风化和人为损坏，但依然有492个洞窟被完好地保存了下来。这些洞窟大小不一，四周和天花绘满了各式各样的壁画。印度传统石窟以石雕造像为主，而莫高窟因为岩质疏松，不适合雕刻，所以以泥塑造像与壁画为主。由于莫高窟地理位置的优越和气候的干燥，

图4-40 莫高窟第96窟

---

① 声闻：指听闻佛陀声教而证悟的出家弟子。
② 罗汉：是阿罗汉的简称，佛陀得法弟子修证最高的果位。
③ 八部护法：佛教八类护法天神。八部包括一天、二龙、三夜叉、四乾达婆、五阿修罗、六迦楼罗、七紧那罗、八摩呼罗迦。

许多留存的壁画与造像依然色彩艳丽如新,瑰丽无比。

莫高窟的开凿始于前秦建元二年(366)。传说有一个叫乐尊的和尚,有天傍晚散步到这里,夕阳照射在古老的三危山上,反射出万道金光,山上大小岩石在金光的笼罩下就像千万尊佛像;乐尊认为这是佛的启示,于是在三危山对面的崖壁上修凿了第一个洞穴。经过后世近千年的凿窟、修龛、绘画、塑像,莫高窟当之无愧地成为世界上现存规模最宏大、保存最完好的佛教艺术宝库。

莫高窟的彩塑在石窟艺术中占据着主要位置,莫高窟现存彩塑2400余身,彩塑的形象有佛、菩萨、阿难、迦叶、十大弟子及罗汉、天王、金刚、力士等;其造型从北魏前期的粗壮逐渐演变为后期的清秀,跟随并记录着时代的审美。

莫高窟最引人注目的是数量巨大、色彩鲜艳的壁画艺术。现存45000多平方米的壁画,俨然是一座巨大的美术陈列馆。壁画类别分为尊像画、经变画、故事画、佛教史迹画、建筑、山水、供养人、动物、装饰等,系统地反映了十六国、北魏、西魏、北周、隋、唐、五、宋、西夏、元等十多个朝代里东西方文化交流的各个方面,是人类稀有的文化财富。(图4-41)

图4-41 莫高窟第148窟内景

石窟建筑赏析——大同云冈石窟

中原北魏石窟在中国石窟艺术史上占有举足轻重的地位,其中云冈石窟开中原大规模石窟造像之先河。云冈石窟位于山西省大同市西16千米的武周山南麓,依武周川北岸崖壁开凿。云冈石窟是自佛教传入中国以后,第一次由国家主持的大规模石窟营造工程,是少有的基本上完成于一个朝代的产物,它集中体现了北魏王朝的民族情怀,代表了中国5世纪至6世纪期间杰出的佛教石窟艺术,是中国规模较大的古代石窟群。(图4-42)

图4-42 云冈石窟

云冈石窟造像气势宏伟,内容丰富多彩,艺术主题是东方体系的中华文化,但又有西方文化体系和印度文化体系的糅合,这使其成为举世公认的历史文化瑰宝和人类古代文明的结晶。

云冈石窟依照开凿的时间分为早、中、晚三期,不同时期的石窟,其造像风格也各有特色。早期的昙曜五窟气魄最为宏伟,具有浓厚的西域风情;中期石窟主要为北魏时期的艺术风格,精雕细琢,装饰华丽;晚期的石窟窟室较小,但开创了石窟艺术当中"瘦骨清像"的形象,人物比较清瘦俊美。云冈石窟中最大的佛像高17米,最小的佛像仅有2厘米高;除了以佛、菩萨为主的造像外,还有天王、力士、飞天、乐天、供养人、童子、奇花异草、珍禽神兽等,绚丽无比,栩栩如生。

相传"昙曜五窟"造像的原型分别为北魏道武、明元、太武、景穆[①]、文成5位皇帝,这也是云冈造像以后的一大风气——佛像以君王作为模本(图

---

① 拓跋晃,北魏太武帝拓跋焘的长子,太平真君十一年(450年),因被太武帝宠臣陷害后忧虑而死,时年仅二十四岁,后被追谥为景穆太子,葬于金陵。文成帝即位后,追封其为景穆皇帝。

4-43）。文成帝以后，佛教为了巩固自身地位，宣扬皇帝为"当世如来"以取悦当政者，直到唐代，龙门石窟的卢舍那大佛还传说是以武则天为原型。无论哪尊佛像对应哪位皇帝，佛教与皇室及权贵的密切关系依然是我们深入了解石窟艺术的重要背景。

石窟建筑赏析——洛阳龙门石窟

与山西石窟相比，河南石窟的开凿在隋唐时期达到顶峰，北朝开凿的一系列石窟如龙门石窟、响堂山石窟、安阳石窟等在这一时期广为繁盛。龙门石窟位于河南省洛阳市南13千米处，始凿于北魏孝文帝迁都洛阳之时，经历东魏、西魏、北齐、隋、唐、五代、宋等朝代连续大规模营造达400余年。（图4-44）

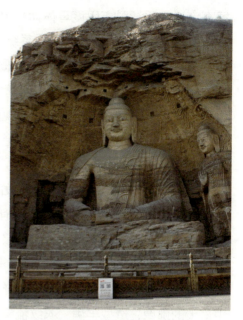

图 4-43 云冈石窟大佛像

图 4-44 龙门石窟

龙门石窟中有明确纪年的洞窟有702个，其中唐代就占470个。在隋唐时期龙门石窟造像躯干颀长，形貌英丽，具有东方民族的气质，这代表着中国石窟造像逐渐脱离印度母体而独自发育成长，这种龙门风格东传至朝鲜、日本，成为东方佛教艺术的一个系统。从造像细部看，龙门第一期造像，佛、菩萨面相方圆，颈部三道纹，身体僵硬，少有曲线；第二期造像丰满适度，身体舒展，有神韵；第三期造像有清秀感，身体曲线少，有神韵。第三期造像之后出现了大量密宗题材，如出现四臂、八臂及千手千眼观音菩萨，这与密宗的发展关系密切，密宗创立者金刚智、善无畏和不空都曾在开元年间来到长安，死后也都葬在龙门。

龙门石窟中唐代石窟占石窟总数的 60% 以上，武则天执政时期开凿的石窟数量最多，这与她长期定都洛阳有关。奉先寺是最具代表性的唐代石窟，据碑文记载，奉先寺开凿于唐代高宗和武则天在位时期，历时 3 年建成。奉先寺是龙门唐代石窟中最大的一个，长宽各 30 余米。洞中佛像深刻体现了唐代佛像的艺术特点，面容丰满，安详亲切。石窟正中的卢舍那佛是龙门石窟中最大的佛像，造型丰满，衣纹流畅，具有高度的艺术感染力。佛经中"卢舍那"意为"光明普照"。睿智而慈祥的卢舍那佛是龙门石窟的象征，据说是仿照武则天的面容建造的。（图 4-45）

图 4-45　卢舍那佛

同为雕刻造像石窟，龙门石窟成就如此之大的根本原因是创造出了独有的风格，将外来文化"中国化"，将中原地区的审美习惯与外来宗教艺术风格相互融合并传播开来，还向外输出艺术风格，形成了自己的流派。

肆 返璞归真的"神仙洞府"——道观（道宫·道院）

始于山间的洞殿建筑

道家思想的开创者是春秋时期的思想家老子。道家思想崇尚自然、淡泊名利，强调人与自然的和谐统一，推崇自然无为，即顺应规律，不强作妄为。修道者以"修身养性、得道成仙"为目的，道士修行的居所最初是以山洞的形式存在的，中国古代神话传说中的"神仙洞府"就取自于此。

早期的道观，建筑规模较小，选址多为人烟稀少的崇山峻岭，崇尚洞殿结合，追求与自然浑然一体的境界。唐高祖后，道教成为官方宗教，道士要走出山谷弘扬教义，道观便开始建于城镇或近郊处。

道观建筑的布局特点

道观建筑选址多为"名山洞府、洞天福地、古迹灵坛"，讲究利用周围的自然环境，依山就势，并根据自然地貌的跌宕曲折，营造一种藏露结合、曲径通幽的氛围。

道观建筑都是完整建筑群，由门、坛、殿、堂、楼、阁、廊庑、围墙和生活用房、客房等组成，这与佛寺建筑的"伽蓝七堂"布局相似：前为山门、华表、幡杆，代表"俗界"，之后为"仙界"。前部用照壁藏风聚气，后部在中轴线递进排列各大殿阁。正殿左右两侧为配殿，沿正殿、配殿的两侧又筑东西道院，并建斋堂、寮房等。

道观建筑的形制布局多为中国传统布局方法，以单个建筑组成的院落作为单元，通过明确的轴线关系串联各种建筑形态。而建筑与建筑之间又存在附属建筑对主体建筑的烘托关系、主体建筑之间的呼应关系等灵活多变的布局形式，使整个道观建筑群既宏伟庄严，又活泼灵动。

在古代，世人曾把道家的"神仙"分为七个等级，每级都有"主神"和"从神"。道观建筑因其供奉神仙的地位、等级不同，建筑等级上也有所不同——

建筑规模、面积大小都有相应的标准，因此出现了多变的建筑形式与布局。

道观建筑的平面布局多讲究"五行八卦""坐北朝南"，今为人所知的"风水堪舆"之术也源自道家。

"道观"之名的由来与等级

按建筑的发展顺序，道观建筑在汉代，称为"治"；南北朝时称为"馆"；唐代始称"观"。按建筑规模来区分，规模巨大或由皇帝敕建的被称为"道宫"，如山西芮城永乐宫（图4-46）、四川成都青羊宫等；规模略小的称为"道观"，如河南开封延庆观、甘肃天水玉泉观等；规模较小的称为"道院"，如浙江杭州抱朴道院；规模最小的称"寺""庵"，如各地常见的民俗神庙。

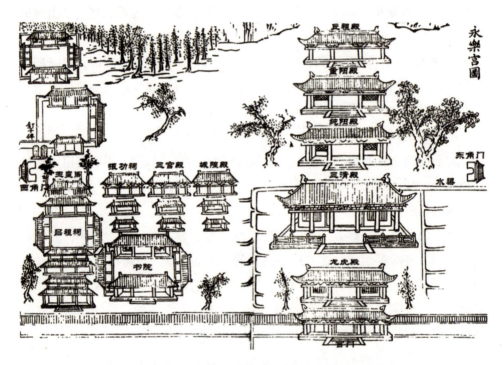

图4-46　清乾隆年间《蒲州府志》中的永乐宫全景

道宫建筑赏析——芮城永乐宫

芮城永乐宫的原址位于山西芮城县永乐镇，相传为道教祖师吕洞宾的故居，初为"吕公祠"，金末改祠为观，元中统三年（1262）重建，重建时的道观规模极大，原名"大纯阳万寿宫"，分上宫、下宫。永乐宫即为上宫，下宫毁于抗日战争时期。1959—1964年,三门峡水库修建。永乐宫位于库区淹没区,被整体搬迁至芮城县城北郊的龙泉村附近,距离原址20多千米。现存的永乐宫由南向北依次排列着宫门、无极门(龙虎殿)、三清殿、纯阳殿和重阳殿。在建筑总体布局上,东西两面不设配殿等附属建筑物;在建筑结构上,使用了宋《营造法式》中的做法和辽、金时期的"减柱法"。

永乐宫的主体建筑、大部分壁画、基本建筑形制都是元代风格,但它简洁、宏大、质朴的设计风格和用材风格则承续唐辽北方建筑的轩敞大气,去除了唐辽北方建筑奢华艳丽的部分,增加了元式建筑的简洁、实用、朴拙、生动,更有世俗的生活感。元代建筑继承的是金代战乱后崇尚节俭,摒弃繁文缛节的故有风格,所以永乐宫也采用了"减柱法"节约大木料,立柱也有金代建筑的平地"升起",屋檐承接等处直接运用"侧角[①]"(图4-47)。庭院只有院墙围绕,没有一般院落常有的配殿,前后三殿规模以三清殿为最大,以后依次减小;各殿殿前庭院深度及月台、甬道宽度也依次缩小,在尺度上呈

图4-47 永乐宫三清殿

[①] 侧角:为了加强建筑的整体稳定性,建筑最外一圈柱子的下脚通常要向外侧移一定尺寸,使外檐柱子的上端略向内侧倾斜,这种做法叫作"侧角"。

现了层层递减的韵律并形成合宜的视觉效果。

永乐宫的壁画为道教宣传画，目的在于传播教义和感召人心，其绘制时间略早于欧洲文艺复兴，几乎和元代共始终，它不仅是中国绘画史上的重要杰作，在世界绘画史上也是罕见的巨制。壁画中还绘制了许多建筑形象，也是研究建筑史的宝贵资料。（图 4-48）

图 4-48　永乐宫壁画（局部）

道宫建筑赏析——武当山道教建筑群

永乐十年（1412），明成祖朱棣敕修道教宫观，其中最受重视的就是传说中的"真武大帝"玄修之地——武当山道宫。永乐十年秋动工兴建，永乐十六年（1418）落成，历时 6 年，建成八宫、二观、三十六庵堂、七十二岩庙等建筑群。武当山道教建筑群在明朝达到鼎盛期，成为规模庞大、冠盖五岳的道教建筑群落。武当山道教建筑群作为中国建筑史上的杰作，既是道教文化的浓缩，也体现了传统风水理念。（图 4-49）

图 4-49　武当山建筑群局部

第四章 特色鲜明的儒释道建筑

武当山道教建筑群为皇家敕建，相当于"朝廷家庙"，所以建筑形制基本遵循的是宫殿建筑的模式，即有相对严格的中轴线，在井然的秩序中体现各个单体在该组建筑之中的等级地位与重要性。沿中轴线向前推进，逐渐提升，布局与视觉的中心是该组建筑之中的主殿；其他建筑皆安排在中轴线两侧及左右跨院内。以紫霄宫为例，紫霄宫中轴线上由前向后、由下至上依次为龙虎殿、御碑亭、朝拜殿、紫霄殿、圣父母殿。整条中轴线最重要的位置安排的就是主殿紫霄殿：三进院落中紫霄殿院落面积最大，九层崇台中紫霄殿建在中间三层。其他建筑如廊庑、斋堂、钵堂安排在中轴线两侧。

武当道教建筑群沿袭了传统建筑尤其是官式建筑的等级形制，除去空间尺度的特征，台基、屋顶、斗拱的类型形制和装饰装修、屋面用瓦等都体现了这一特点。

（1）武当道教建筑一般都修有台基，其作用是抬高木结构墙体，使其免于雨水及地下水的腐蚀侵害。台基的高度有明确的规定，同一建筑群中应区分建筑之间的主从关系和不同等级，主要措施之一是控制台基高度和台阶的级数。

武当道教建筑的面阔和进深也被严格控制。在古代，面阔为九间的殿堂为帝王专有，公侯厅堂七间，五品以上的官员不得超过五间，六品以下只能用三间；道教宫观当然也不得僭越。以紫霄宫为例，第一重龙虎殿面阔三间，进深两间；第二重朝拜殿面阔三间，进深两间；主殿紫霄殿面阔、进深均为五间，再加之三层崇台衬托，更显得气势恢宏、威严无比。（图4-50）武当山其

图4-50　武当山紫霄殿

他道教建筑群都遵从紫霄宫的形制，每个建筑组群都可自成一个系统。

（2）中国传统木建筑屋顶同样等级森严，按等级由高到低依次为：重檐庑殿顶，重檐歇山顶，单檐庑殿顶，单檐歇山顶，尖山式悬山顶，卷棚式悬山顶，尖山式硬山顶，卷棚式硬山顶。武当山道教建筑群中，最高级别为大顶金殿的重檐庑殿顶，而后是紫霄殿的重檐歇山顶，单檐硬山顶较为常见。一般配房的硬山顶为普通灰瓦，主要殿阁的屋顶一般为蓝色或绿色琉璃瓦；唯一的特例是大顶金殿，屋面为最尊贵的金色重檐庑殿顶，由此可见金殿在整个武当山道教建筑群中的地位最高（图4-51）。

图4-51 武当山金殿

武当山道教建筑群的特性和个性并不张扬，反而在整体上基于等级形制而表现出建筑布局和规模组成上的统一性与模式化，这使武当山道教建筑群整体形式和技术工艺高度规范化，保证了建筑体系发展的持续性和建筑整体的统一性。

第五章 民居建筑

壹 海棠飘香——北京四合院
贰 森林中的小木屋——长白山井干式民居
叁 黄土高原上的窑洞民居
肆 大红灯笼高高挂——山西民居
伍 小桥流水人家——江南水乡民居
陆 水墨中国——徽州民居
柒 客家"碉堡"——土楼
捌 竹林村落——傣族民居
玖 装配式住宅的先驱——蒙古族民居
拾 东北大院——满族民居

中国是一个地域广阔、历史悠久的多民族国家,"上下五千年,纵横十万里",在这广阔的土地上,广大先民在与大自然的斗争中,通过不断实践和积累经验,创造了很多满足人类生产生活的建筑。其中用于居住的建筑是最原始也是最基本的建筑类型。生产生活离不开人类的劳作,人是民居的使用者,人群构成的社会因为时代的变迁产生种种变化,人们的生存环境和地理位置也有所不同,这种变化和不同也都反映到民居建筑上,形成了民居建筑的实用性、复杂性和多样性。中国的传统民居,往往是就地取材,因地制宜,源于自然最后回归自然。

中国南北纬跨度将近 50 度,以秦岭淮河一带年平均温度为 0 ℃的地区作为分界线,分为南方和北方。不同温度带来的地域差异非常大。10 月,哈尔滨开始下雪时,海口依然是盛夏。所以我们看到,北方民居最注重保暖抗寒功能,而南方民居更注重遮阳通风功能,生活方式自然会有较大差异。盛产树木的地区,传统民居一般是木结构;盛产竹子的地区,传统民居会用到竹结构;黄土高原常年干旱,人们会直接在黄土坡上造窑洞。影响民居类型的条件有很多,我国民居的类型丰富多彩,这里仅选取各地域具有代表性的民居建筑进行解读,希望帮助大家了解不同民族、民系居住形式和各地的风俗习惯。

壹　海棠飘香——北京四合院

四合院建筑的地域背景

中国传统的住宅形式多为院落布局,一般一个院落代表一个家族或一组亲友。一个院落就是一个合院,建筑门窗均开向院落,三面有建筑、第四面是围墙的叫"三合院",四面都有建筑的叫"四合院",建筑与建筑之间靠游廊连接。一般来说,四合院是最理想的传统院落建筑形式,而北京四合院又是四合院住宅中最具代表性的。

北京位于华北大平原的北端,处于两条河流之间,地势西北高东南低,地理位置极为优越。(图5-1)北京每年无霜期长达200天,温度适于户外活动的时间长,民居适合采用庭院式结构。北京四合院的布局不仅讲究尺度和空间,而且要求中轴线东西两侧的建筑对称,房舍院落整齐中含着变化,简朴中透着优雅。北京冬季寒冷,日照角度低,院子宽敞房屋就可以多纳阳光,使室内温暖明亮。

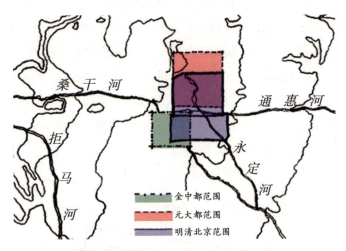

图 5-1 北京地理位置示意图

四合院建筑的主要特点

北京四合院的模式相对固定,最大的变化在于院落数量的多少。无论院落的大小和前后左右组合数量的多少,实际构成元素都有一个标准的配备模式:一个三进的标准院落。三进院落以中院为主,中院不但位置居中,而且面积最大;中院的前面是进深不大的倒座院,中院的后面是进深更小的后罩房院。中国传统文化中,南向是最佳朝向,所谓"坐北朝南"便是最佳的方位范本;次好的是东向,"东家""房东"这样的词就表达了对主人的尊重。在四合院的中院里,北屋(正房)其实是最适合居住的,但会客、祭祀厅堂都会设在北屋,东西厢房和倒座、后堂这些朝向不太理想的房屋才用来住人。这说明中国人把理性放在实用功能之上,越是格局讲究的民居越能体现这一点。

227

四合院建筑布局组成

北京四合院是由大门、影壁、屏门、倒座房、垂花门、正房、耳房、厢房、群房、廊子、围墙等单体建筑按照一定的原则围成院落组成的。

四合院的组成原则是：以南北向主轴线为中心布置，将正房和院子放置在主轴线的适当位置，东西厢房左右对称，互相面对；在东西厢房的南侧建一堵墙，墙的中点开一座二门（有些四合院将二门做成垂花门，极为美观），这样组成了四合院的主院落；沿胡同设置大门及"倒座房"，与东西厢房南侧的墙一起组成四合院的第一进院落；在正房后面布置的一排房子叫"后罩房"，后罩房与正房之间是四合院的第三进院落；倒座房和后罩房是四合院的南北边界。大的四合院还可以几条轴线并列，并附有群房、跨院，有的还有精美的花园。（图 5-2）

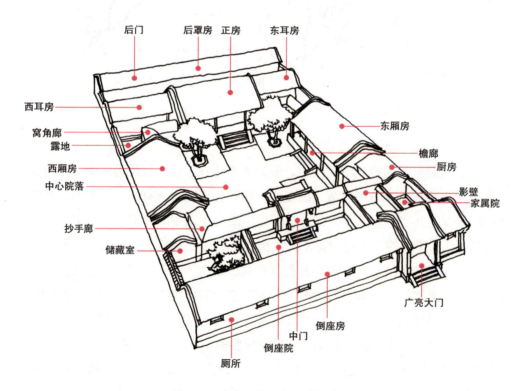

图 5-2 北京四合院空间利用图示

四合院建筑主要构件及特色

大门

四合院的大门带有封建社会等级差别的印记。北京居民一般将大门称作"街门"。街门是屋宇式的,屋宇式大门有广亮大门、金柱大门、如意门、蛮子门等数种。

(1)广亮大门,是四合院中等级最高的大门式样,它相当于一个单开间的房屋,它的开间和进深都略大于与它毗邻的房屋,屋顶也略高出,大门安装在山柱的位置,大门内外进深相等。广亮大门装饰豪华,檐柱上端装有雀替,门外设有上马石、拴马桩,上部以门簪固定联楹,下部用门枕石做成抱鼓石,门的最下方为可拆装的门槛,可以通行骡马与轿子。广亮大门本身就是当时身份与地位的象征。(图5-3)

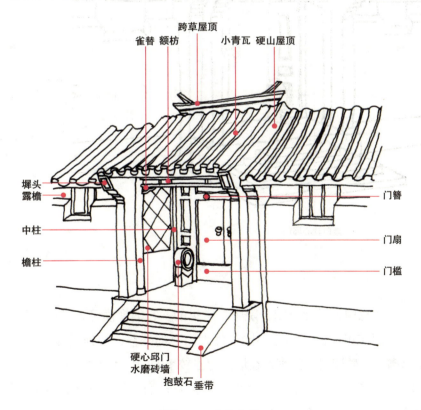

图 5-3 广亮大门

（2）金柱大门，比广亮大门略逊一筹，它的进深小一些，装饰比广亮大门轻巧华丽。因规模变小，没有山柱，所以门安装在外金柱的位置，大门外的进深比大门内的进深要小得多。（图5-4）

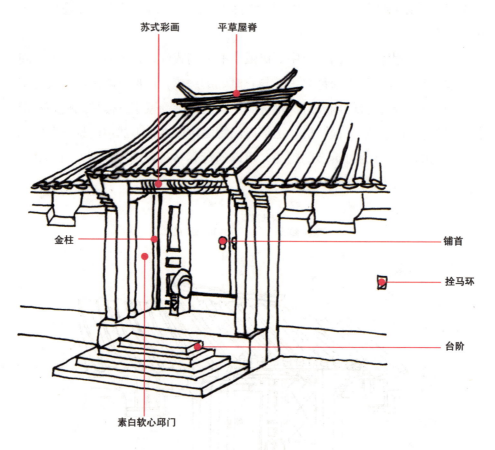

图 5-4 金柱大门

（3）如意门，是北京四合院中最常见的，它的规模可大可小，装饰可奢可俭，因而应用广泛。如意门比金柱大门更加外移，移到了外檐柱的位置，而且是砌一堵砖墙封住门洞，在墙上留出较小的门口（图5-5）。

（4）蛮子门，也安装在外檐柱位置，它与如意门的最大差异是：全部为木装修，一般都比较俭朴（图5-6）。

第五章 民居建筑

图 5-5 如意门

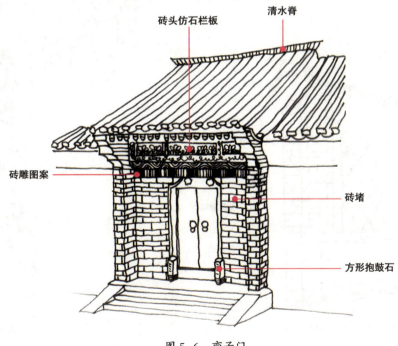

图 5-6 蛮子门

影壁

影壁分为大门外和大门内两种。

大门外影壁可以有"一"字形、"八"字形和燕翅影壁三种。大门外的影壁等级比较高,相当于把门外的走道从心理上划分为自家的用地,一般只有王府或广亮大门外才有设置。(图5-7)

大门内的影壁有两种:门内空间比较宽敞时设独立式影壁;门内空间较小时就依附在迎着大门的房屋山墙上,做跨山影壁。(图5-8、图5-9)

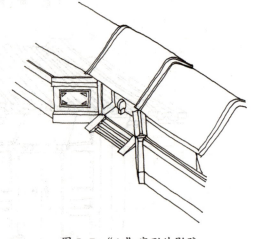

图5-7 "八"字形外影壁

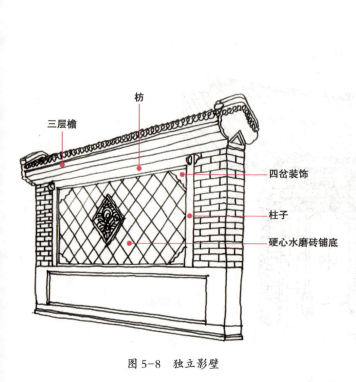

图5-8 独立影壁

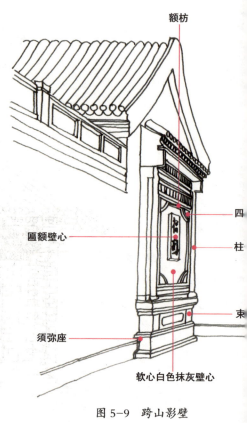

图5-9 跨山影壁

屏门

四合院中屏门的主要作用是分隔空间、遮挡视线。

垂花门

垂花门一般设在四合院中进入内宅的入口，位于全院中轴线上的重要位置。垂花门有两根悬柱（也称"檐柱"），端部做成花蕾式的吊瓜。垂花门也是屋宇式门，是四合院中装饰的重点，从外院看它是一座华丽端庄的小门，从内院看又像秀逸的方亭，成为院内的视线焦点和趣味中心。垂花门内正面的屏门平时不开，从屏门的两侧出入，只有喜庆的日子或者贵客光临时才开启屏门通行。因为垂花门是内院和外院的分隔，位置十分重要，所以垂花门一般建在高台基上，从外院到内院要先上几步台阶，进入垂花门后再下几步台阶进入内院；而高台是主人迎送客人时站立的地方。（图 5-10、图 5-11）

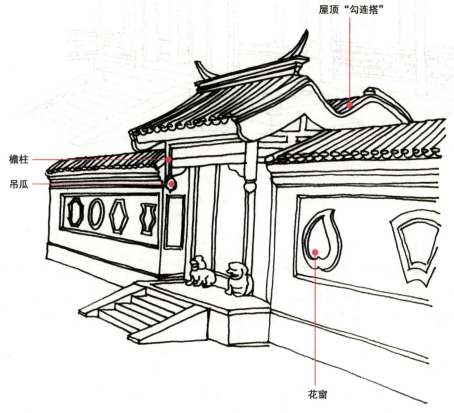

图 5-10　垂花门外

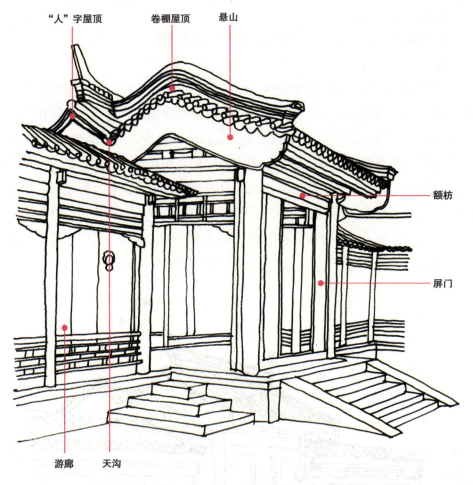

图 5-11 垂花门内

倒座房

倒座房背临胡同,朝胡同的那一侧不开窗,只在朝向院内处开通面阔的门窗。因为与正房的朝向正相反,所以叫作"倒座"。倒座房一般用作客厅、账房、书房及男仆住房。在东端大门以东的房间是供男孩读书请先生教学的地方。

廊

四合院中常见的廊有檐廊、游廊、穿廊等。廊的尺度较小,用小筒瓦屋面、方形四角凹棱绿色梅花柱,下部设坐凳栏杆。廊的一面向院子敞开,另一面墙壁上设花式不通透小窗，俗称"什锦窗"。

正房

正房在内院中坐北朝南，位于中轴线最显要的位置，是全院的主房。它的开间、进深、屋顶尺度及工程质量和装修精美程度都居全院之首。因建房制度限制，四合院的正房一般只能建三间，但进深可以比较大。正房的台基要高于厢房，从院子或廊子到正房都要上几步台阶。正房供家长起居使用，只朝南面开窗，内外装修都是整个四合院最高等级。

耳房

耳房是正房两侧山墙之外紧接着的一间或两间房屋，它与正房之间就像头部的两只耳朵一样。单间的耳房从正房进入，称为"套间"；两开间的耳房除了与正房相通外还常开门直接通向院子，耳房一般既可作为卧室也可以作为储藏室。

厢房

厢房位于正房院落两侧，左右相对，一般为三开间，进深、开间及高度都小于正房。厢房一般供晚辈居住。

厅房

大型四合院中可以在正房之前建一座规模与装修同正房相似的厅房，可以在南北两面都开门窗，容许人从中穿过。厅房主要用于接待客人。

后罩房

正房后面留出一个横向窄长的院子，在院子北面建造的长条形矮层房子，就叫作"后罩房"。它坐北朝南，进深和高度比厢房还要小。后罩房后墙临胡同的那一侧不开窗，只向院内开门窗。后罩房一般用作女眷、婢女的住所，或用作储藏室。

群房

沿着四合院院落的东侧，建一排坐东朝西的房屋，称为"群房"。它的尺度与质量都比主院落房屋差一些。群房供男仆居住，也可以用作厨房。从大门进来可以由东面直接进入群房而不经过正院。

四合院建筑不仅与中国人的伦理观念契合，还表达了中国人"中正平和、变通有则"的处世态度。北京四合院浓浓的生活氛围也表达了居住者的生活态度：对外只有一个大门，私密性强；中间的庭院宽敞明亮，种树、列盆景、莳花弄草、养鱼养鸟，时光都可以慢慢消磨；四面的房子都朝庭院开门，既有独立的房间又有公共空间，便于情感交流。北京四合院经过历史的变迁，见证了各种历史时期人们对幸福生活的愿望和努力，也成为美好生活的代名词。

贰　森林中的小木屋——长白山井干式民居

长白山民居的地域背景

长白山地区是指长白山系及其周边地区，贯通黑龙江省东南部、吉林省东部、辽宁省东北部，最高峰在朝鲜境内（将军峰，海拔2749米），中国境内最高峰为白云峰，海拔2691米。长白山地处温带大陆性季风气候，冬季严寒，夏季温凉，结冰期长达5个月。长白山上保留了原始森林的固有状态，山上的林木以耐寒而高大的温带乔木为主。长白山地区的文化是以满族文化为主、大量融合汉族文化、兼有其他北方少数民族文化的一种多民族文化；井干式民居是当地居民在长期对抗严寒气候、适应自然环境的过程中逐渐形成的居住形式。

井干式民居布局组成

井干式民居大多分布在山林密集的地方，通常选址于背风向阳的平坦地带，一般都是六七户聚居而成的小村落，各户之间的排列较为松散，这种聚居的方式有利于互相遮挡冬季的寒风。为减少热量散失，井干式民居一般将门窗放在南侧，北墙封闭。由于结构的限制，门窗开洞较小，室内用火炕取暖。

井干式民居主要构件及特色

民居的构造特点十分鲜明，构造上充分利用自然材料，加工简单，易于施工，非常坚固。但因为是全木结构，防火性能较差；由于木料长度的限制，房屋的开间也不会太大。

先从地面向下挖一尺左右的深沟，将横木嵌入其中，上面用圆木垛成墙体，以此作为房屋的基础。然后将圆木简单加工，削成六角形或正方形断面垛成墙体。木墙在转角处十字交叉，圆木相搭接的部位上下开凿榫卯相交。木墙垛好后，上面抹泥土以保暖防风，只在转角处露出圆木，山墙中间位置墙内外均立木柱相夹，以增加墙体的刚度。（图5-12、图5-13）屋架是两根木杆的杆口头相接到坡顶交叉，称为"叉手"；叉手下端固定在大柁上，一般每间有四行叉手。叉手上钉圆木，间距20厘米左右，上部铺草或挂木板瓦防雨，屋面内侧柁上钉小圆木形成室内天棚，其上抹泥约15

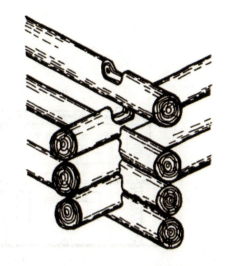

图 5-12　木墙转角构造

图 5-13　井干式木屋

厘米。天棚和屋面之间形成小阁楼，可用于储藏，从山墙面立梯子进入阁楼。做墙的圆木到门窗位置切开，各层圆木之间用木制构件固定。（图5-14）

建好的木屋坐北朝南，木料本身有隔寒隔热的特性，推开门就有广阔天地，当然，这种木屋的外围没有固定的庭院用来抵御野兽和遮风挡雪。不管所在的环境如何，勤劳勇敢的人们都可以创造他们心中最美好的生活。

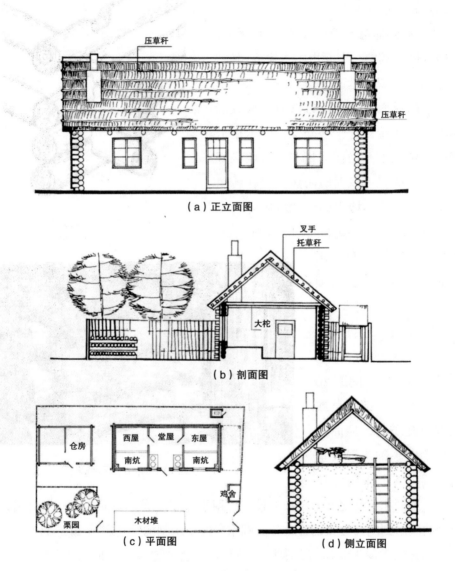

图 5-14 井干式民居示意图

叁　黄土高原上的窑洞民居

窑洞民居的地域背景

窑洞民居是中国黄土地带特有的民居类型。黄土地带降雨季节多集中在夏末秋初的 7 月到 9 月之间，占全年降水量的 63%，在此期间水流集中将黄土冲刷成塬（yuán）、峁（mǎo）、梁（liáng）[①]、沟等地形，为开挖窑洞准备了良好的条件。（图 5-15）

图 5-15　黄土高原地貌

窑洞民居大多分布在黄河中上游的黄土高原，大致可分为六大窑洞区。豫西窑洞区：以河南巩义、孝义、偃师为代表；晋中窑洞区：以山西中阳、襄汾、赵城等地为代表；察南窑洞区：主要以内蒙古的察哈尔左翼旗、察哈尔右

[①] 塬、峁、梁：均为黄土高原地区因流水冲刷而形成的地貌。塬，呈台状，四周陡峭，顶上平坦。峁，顶部浑圆、斜坡较陡的黄土小丘。梁，条状的黄土山岗。

翼旗、集宁等地为代表；陕北窑洞区：以富县、延安、延长、米脂等地为代表；甘肃陇东窑洞区：以灵台、宁县、西峰等地为代表；张北窑洞区：主要以张家口北部的张北、沽源、太仆寺旗等为代表。

窑洞民居的主要特点

窑洞民居与一般民居相比，特色尤其鲜明。第一，就地取材方便。窑洞一般选址在黄土层厚且深广的地方，窑洞横向挖筑，大多在沟边、河床壁岩、原壁、山根等位置，仅用人工即可操作。第二，施工较为容易。建造窑洞之前要确保土层不会开裂，无塌陷的可能；选址成功后就可以开工；横向挖掘并取出土方，操作难度较低。第三，节省建筑材料。建设地上房屋需要木材、砖材、石材、瓦材、水泥、砂子等，材料的运输、加工制作等都需要大笔投入；而挖掘窑洞可以节省这一系列的用材，只需挖土。第四，节省耕地。窑洞都是从垂直的黄土壁横向挖掘，洞顶至少有3米深的黄土可用来耕种，因而不像地面上的房屋那样占用有效耕地。第五，窑洞内气温适宜，冬暖夏凉。冬天黄土的厚度阻隔了冷空气，夏天窑洞内没有阳光照射，凉爽宜人，十分适合居住。

为顺应黄土高原特有的塬、峁、墚、沟地貌，当地居民挖掘出许多不同形式的窑洞，形成以下几种不同形态的村落。

（1）塬上村落。这种村落分布在成片的黄土塬表面，多由下沉式天井院组成。下沉式窑洞院落是在平坦的塬面向下挖方形土坑，一般深6米左右，方坑四周形成直立的土壁，在土壁上横向往里挖掘形成窑洞。从上部塬面通往下沉式窑洞院一般用坡道，通常有直线坡道、L形坡道、弧形坡道。下沉式窑洞一般是一户一个院落；也有同一姓氏的几户合住在一个天井院的情况，院内用围墙做适当分隔，形成组合式天井院；也有较富裕的家庭一户使用几个院落，分前院、后院、杂院等，窑洞布局也比较自由灵活，富有生活气息。(图5-16)

（2）墚、峁地形上的阶梯形窑洞村落。利用斜坡地形切割成阶梯状，利用垂直土壁挖洞形成窑洞，利用下层窑洞顶作为晒场或者水平道路，并通过竖向坡道连通上下层，组成梯田形状的窑洞村落。阶梯形窑洞村落保存了台地的自然风貌，可以算得上窑洞中的楼房了。(图5-17)

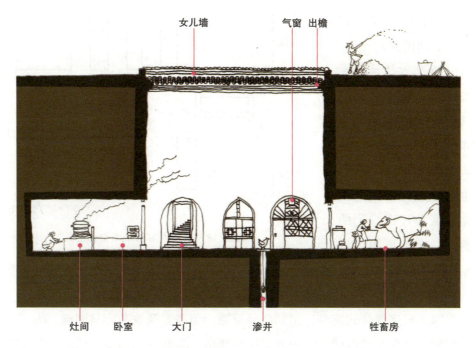

图 5-16 天井式窑洞剖面

图 5-17 阶梯形窑洞村落（碛口古镇）

241

（3）冲沟崖窑式村落。利用冲沟崖壁，避开最高水位线，在坡脚挖窑洞，形成带状村落。根据冲沟土体情况的不同可以挖成一条线排列的窑洞，也可以顺应弯曲的土体挖成曲尺形排列的窑洞，窑前再围上砖砌的围墙形成一个小院。冲沟比较浅的也有不少建成由平巷中出入的天井窑院。（图5-18）

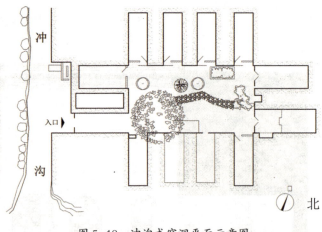

图5-18 冲沟式窑洞平面示意图

（4）窑房混合式窑洞。窑洞冬暖夏凉，但是春秋季节容易潮湿。为了扬长避短，常在窑洞前面，院子里建东西厢房，与北侧窑洞和南侧倒座组成四合院，大门开在东南角。这样，人们冬、夏住在窑洞里，春、秋住在房屋里，能更好地适应自然气候的变化。（图5-19）

图5-19 窑房混合式窑洞

(5)内部空间复杂的窑洞。由于黄土较好的可塑性及人们生活的需要,窑洞内部的结构也由最初简单的长方形发展出许多形式和许多形状。

① 单孔前厅后卧式。单孔窑洞内用隔墙分为前后两室,前室在门后设置灶台,前室中放置桌椅作为客厅;后室放床作为卧室,还有在最后部分饲养家畜的。

② 串联式。把两孔或者三孔窑洞横向连通起来,相当于三开间,中间窑洞作为起居厅和客厅,两侧的窑洞作为卧室或者储藏间。

③ 母子窑。在主窑旁侧或者尾部挖次要窑洞,又称"窑中窑"。

④ 高窑洞。窑洞内架设木制天棚,分隔出一部分上部空间作为储藏空间或者安装通风设施,窑洞内部空间高约5米,比普通的窑洞高很多。

⑤ 双层多层窑。利用窑洞顶部的土拱作为楼板,在下面窑洞上再挖一层窑洞,用室外楼梯或者室内楼梯上下,上面的窑洞称为"天窑",主要用来储物。

⑥ 窑上建房。在窑洞顶上建平房,采用外廊式,用室外楼梯上下,也称为"窑楼"(图5-20)。

图5-20 窑楼(山西碛口镇李家村)

窑洞建筑表达了人和土地之间的关系,人们的生活离不开土地,衣食住行都从土地中来,中国传统文化也都是土地的文化,不管是农耕还是建筑,我们"土生土长",我们是"乡土中国"。直到今天,依然有居民在窑洞中生活。在最适合的地方做最适合的建筑,顺应自然,尊重自然,是每一个建筑工作者应该铭记于心的重要守则。

肆　大红灯笼高高挂——山西民居

山西民居建筑的地域背景

山西因地处太行山以西而得名。山西地域通称"山西高原",境内岭谷交错,地表多覆盖深厚的黄土,东西两侧为山地,中间是一列盆地,黄河干流流经山西省西南边境。山西矿产资源十分丰富,也盛产各种花岗岩和大理石,从古至今都为建筑业的发展发挥着重要作用。山西地区除了黄土高原上的典型民居——窑洞以外,还有大家族兴建的深深宅院。

自明代起,许多山西人外出经商,致富返乡后便在自己的故乡大兴土木,修建了许多深宅大院。大户人家不但要求住宅舒适,还要华丽坚固,便于防卫,所以一般这类住宅都拥有漂亮的门楼、气派的大门、精美雕砌的影壁和内部结构严整的三合院与四合院。(图 5-21、图 5-22)

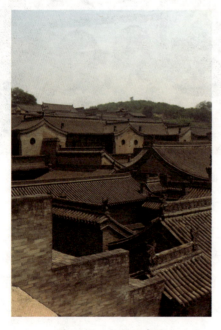

图 5-21　山西四合院

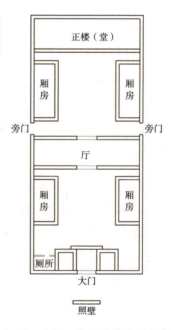

图 5-22　山西四合院民居平面示意图

山西民居建筑的主要特点

山西民居的主要结构体系有三种：木结构体系，砖石结构体系，以及木与砖石混合结构体系。

（1）木结构体系。在山西平川地带和盛产林木的地区，民居建筑多用木结构承重，用夯土墙、土坯墙或砖墙做围护结构，用麦秸泥苫被[①]铺青瓦做屋面。这种结构，木梁柱可以分别制作成构件，现场拼装施工，利用厚重的屋面重力保证结构稳定，同时也具有较好的防寒隔热性能。具体做法如下。

正房。正房中前檐用通柱支撑梁架做双坡构架，后檐用砖墙代替木柱，且用砖砌筑叠涩封住檐部，使檐檩及檐椽不外露，在一层前檐出硬脊或卷棚抱厦。

厢房。厢房用半架梁的形式构成一面坡屋顶，前檐用木柱支撑，梁架后端支于后檐墙上，后檐墙向上砌到屋顶最高处，墙顶砌成正脊，正脊外侧用砖叠涩砌出小披檐。

过厅。过厅常用卷棚式梁架结构，前后檐用木柱支持梁架，当前后出檐时另立檐柱支撑檐檩。

倒座。倒座的结构做法与正房相似，但前后都不封檐，檐椽直接外露。当倒座明间做大门时，在后檐中间做抱厦。晋南地区多在倒座右侧尽间与梢间开大门洞，在门洞上部增设小披檐，披檐由两根弯曲的拱形木撑支持。

屋顶。屋顶做法为椽上铺苇箔，其上用麦秸泥做苫被，用以黏附板瓦。板瓦仰面铺砌，瓦面纵横整齐，在坡面两边做2~3垅合瓦压边。

墙身。墙身一般全部用砖砌筑，也有下部用砖、上部用土坯砌筑的。下部砖墙一般砌高1~1.1米，主要起到墙体防水的作用，避免因为雨水过量使土墙崩塌。（图5-23）

晋陕一带普通人家常有单坡屋顶的建筑，也有将单坡屋顶建筑当作东西厢房和倒座房组成的三合院或者四合院。屋顶向院内倾斜，包括大门与倒座

[①] 麦秸泥苫被：是一种古建筑的屋面垫层，在椽上铺一层芦席，芦席上先放一层糊状的河泥，再把麦秸一批一批铺上去，一边铺一边用手将和上河泥的麦秸拍实。苫为多音字，读 shān，指用草编成的遮盖物；读 shàn，指编茅盖屋，泛指用席、布等遮盖。

图 5-23 乔家大院内院

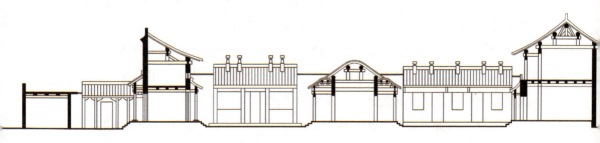

图 5-24 乔家大院某院落剖面示意图

也用单坡屋顶向院内排水。这样的建筑群外墙很高,墙上几乎不开窗,十分有安全感。(图 5-24)

(2)砖石结构体系。砖石结构一般指用砖石砌筑的拱形窑洞结构,一般是多孔窑洞并联。晋中一带多砌圆券,晋东南多砌尖券。

(3)木与砖石混合结构体系。这是砖石结构窑洞与前部木构架插廊或窑洞顶部的木构架结构共同形成的体系。此结构体系集窑洞冬暖夏凉与木结构的优美于一体，既适合当地的气候条件，又能满足居住者的生活需要。

大家在电影电视中经常会看到红灯高挂、灰墙灰瓦的山西大院，深邃且富丽堂皇，院落连着院落仿佛无穷无尽，色彩对比也极为强烈。山西大院记载了晋商的兴衰，留给我们的是建筑、艺术与文化的财富，更彰显了山西人古朴、静雅、保守的民风，在中国民居中极具代表性。

伍 小桥流水人家——江南水乡民居

水乡民居的地域背景

在江苏省长江三角洲平原上，以太湖为中心散布着中国著名的水乡城镇。太湖平原为长江泥沙沉积而成，地势平缓，漫长岁月的泥沙淤积和潟湖等自然变迁，以及当地居民为农业灌溉疏浚河道修建沟渠，使得该地区河渠纵横、密如蛛网，河流总长达4万余千米。在3.69万平方千米的太湖流域中，较大的湖泊有250余个，约占太湖流域总面积的10%，如此丰富的水资源为当地经济文化的发展提供了得天独厚的自然条件。

长江三角洲地区是中国开发历史较早的地区之一，春秋战国时代先后属于吴、越、楚三国，后历经秦、汉、唐、宋各代，成为全国农业经济最发达的地区，著名的"鱼米之乡"——农产品中以水稻为主，是中国大米的主要产地；江湖中盛产鱼虾，阳澄湖大闸蟹、太湖银鱼享誉国内外。又因为气候温和湿润，宜植桑养蚕，所以成了中国生丝的丰产地区；工业主要为纺织业和缫丝业，纺织业中又以丝绸纺织最具特色。

集镇[①]历来是农村的政治、经济和文化中心，它们往往是农村和城市联系网络的中间站。水乡集镇总体布局的基本形态包括：沿河流或湖泊单面发展、两面发展，以及沿河流交叉处发展和围绕多条河流交织发展几种。（图5-25）

---

① 集镇：由集市发展而成的聚居地。

可以说水乡的框架主要是依据跟水体之间的关系形成的。如太仓市沙溪镇是沿河两面发展的典型村镇，镇区房屋沿小河两岸成带形布置，两岸由4座小桥联系。主

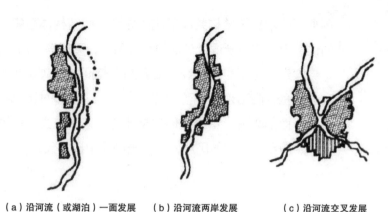

（a）沿河流（或湖泊）一面发展　　（b）沿河流两岸发展　　（c）沿河流交叉发展

图 5-25　水乡集镇布局示意图

要商业道路"中市街"自然地平行于小河，两侧分布着商店、茶肆、酒楼等公共建筑，而沿河两岸则布置民居。吴县的甪（lù）直镇是一个历史悠久的古镇，甪直镇街道沿着"上"字形主干河道发展，是典型的发展于河流交叉处的集镇，镇中河网密布，现存40座元明清时代的各式桥梁。街坊道路为江南水乡的"一河两路"格局，房屋依街傍水而建。昆山市的周庄古镇在澄湖、淀山湖、白蚬湖、长白荡和南湖之间，四面环水，东侧与上海松江相接，是江南粮食用品、手工业品的集散地。周庄镇内的交通由4条"井"字形的河道与其两侧的8条长街构成。河道上也保存着元、明、清历代石桥。民居依水而筑，鳞次栉比，目前全镇近千户住宅中明清住宅约占一半，其中包括明代巨富沈万三家宅在内的近百座古老宅院。全镇基本上保持了明清的格局和风貌（图5-26、图5-27）。

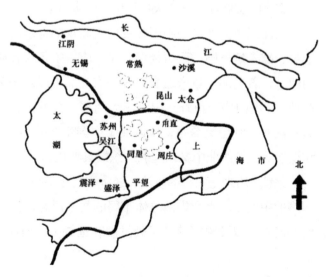

图 5-26　太湖水域水乡分布示意图

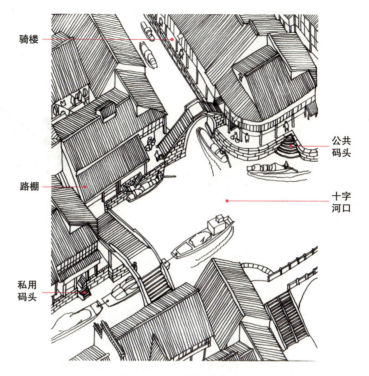

图 5-27　水乡集镇布局图示

水乡民居的主要特点

因其所处的基地①环境，以及屋主经济实力、社会地位等因素的不同，水乡民居的单体建筑会产生许多不同的规模形态，建筑构成极为朴实灵活，与官式建筑的严格分级形成鲜明对比。

中国传统建筑以木构架为其结构体系，以"间"为建筑空间的基本构成单位，水乡民居的组成也遵循这个原理。一般情况下，每户临水民居为一、二、三、四间不等，每间进深一般为五、七、九檩，檩取奇数，以便脊檩居中。规模最小的民居仅有一间平房，或一楼一底的简单两坡顶房屋，普通民居以三至四居室居多。

规模稍大的民居，沿房屋进深方向扩展，组成以"进"为单位的空间序

---

① 基地：即宅基地，指住宅能够使用的土地。因为形状、地势、自然环境的不同，住宅设计因地制宜。

列。每户民居可修建前后两进,多者可三进、四进,进与进之间借天井作为过渡,以利采光通风。(图5-28)

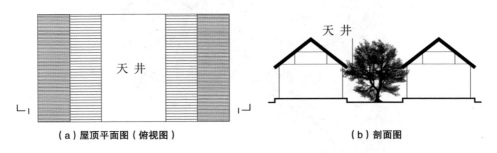

(a)屋顶平面图(俯视图)　　(b)剖面图

图5-28　两进带天井民居示意图

堂屋,是水乡民居中普遍包含的空间要素,按照当地居民的传统生活方式和利益观念,"堂"的功能在于祭祀、会客、用餐和家庭起居,兼具利益性和实用性。堂屋多面向天井或内院,开启或卸下隔扇就可以使其成为室内外交融的半开敞空间。从住宅正门进入,透过天井就可以见到正堂,这足以显示堂屋在功能上的公共性和重要性,无论是作为待客的礼仪性场所还是家庭团聚的公共空间,堂屋都是中国传统民居中不可或缺的部分。与格式严整的北京四合院相比,水乡民居虽然也体现了中国传统礼教观念,但空间模式和建筑风格完全不同于四合院。江南水乡民居采取"局部平面对称但总体非对称"的构筑方式,巧妙地使礼仪的庄严性和生活的实用性达到和谐统一。在规模较小的民居中,堂的功能也趋于综合,往往兼起居、会客、用餐等多种用途,堂在住宅平面的布局更加灵活,环境气氛显得轻松活泼。(图5-29)

室,在江南水乡民居中是一个相对封闭的空间概念和空间单位,可以是卧室、书房、厨房等功能单一或私密性较高的场所,因此室相对于堂的半开敞空间,是较为封闭的空间形态。

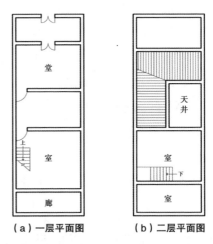

(a)一层平面图　(b)二层平面图

图5-29　带有堂和天井的民居示意图

室的大面积开窗部位通常尽可能面向天井。民居底层除了开设小店铺之外,临街巷一侧多设高窗;二层以上无论是临河还是临街,开窗面积往往比较大,甚至设满堂窗以争取日照和自然通风,或同时采用挑廊、槛窗等手法增加室内外空间的交流和融合。底层的内向性和二层的外向性体现了水乡民居的独特之处。

水乡民居中的天井小院用于自然采光、通风、增加日照、利于屋面雨水排除,多进房屋中天井更成为进与进之间的过渡,并形成围合与建筑之中的外部空间。天井地面一般比室内低一二踏步,天井四周设浅明沟,以导水流,集水口设于屋角下方,且覆以石刻的镂空排水孔盖。

水乡气候温湿多雨,民居多设置檐廊以保护建筑的内外檐免受雨水侵袭,同时成为室内外空间的中间空间。檐廊一般设于二层楼房的底层,或楼上楼下同时设置;底层多为开敞柱廊,或沿柱廊设半开敞的廊栅,用来增加廊内空间的安全感。民居的前后进之间一般也以侧廊相连,侧廊与檐廊形成三面或四面环抱天井的回廊,贯通前后进,增加了空间的层次感和院落的亲切氛围。

水乡民居在利用空间方面的特色之一是骑楼的设置。水乡气候温和多雨,临水街道的两层木屋常用木柱将其上部架空于街巷之上,形成遮阴避雨的通道。骑楼内侧可以开店铺,外侧可以由石阶下到水面,或在两柱间设置通长靠背木椅供人小憩。

水乡民居在空间利用方面有许多巧妙的做法,出挑就是普遍使用的结构方法,用以延展室内空间。出挑的方向可以与排架平行或垂直,出挑尺寸一般等于或小于一步架的宽度,以符合木构的可能与合理。出挑部分一般作为居室的一部分,或者作为储藏空间使用;除了"单层出挑",更有"双层出挑"的结构方式,出挑在水乡民居中的使用灵活多变、丰富有趣。(图5-30)

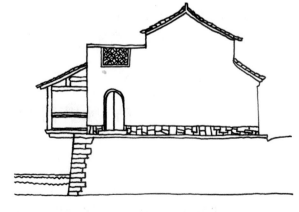

图5-30 水乡民居出挑示意图

阁楼和夹层在水乡建筑中也有应用，在当代居住建筑中也常有使用。

水乡民居主要以穿斗式和抬梁式木构架为主，民居的建筑艺术也极具地域特点。水乡民居粉墙黛瓦，依河而居，小桥流水人家，质朴而秀美。虽然江南水乡素为鱼米之乡，商业繁荣居民富庶，但是城镇居民极少将民居做华丽装饰。从普通民居到名门大户，普遍采取简洁的造型，素雅的色彩搭配，主要因为吴地历来文化发达，文人雅士云集，久而久之人们的品位也简洁素雅、诗意盎然了。（图5-31）

图5-31　周庄民居

虽然江南民居的"依水而居"与徽州民居的"靠山面水"之间，有着明显的地域性差异，但这两类水乡古典建筑清淡优雅、韵味悠长的审美品位，在行商的来往中传播，也在数千年的时光中沉淀，最终都成为融合在文化中的骨血，成为让中国人刻骨铭心的"乡愁"模样。

陆　水墨中国——徽州民居

徽州民居建筑的地域背景

徽州位于皖、赣、浙三省交界处，物产丰富，人民生活富庶，但耕地不足,区域内丘陵面积占90%,半数以上人口聚集在盆地区域,而盆地面积仅占10%,人们不得不向外地发展,多从事商业贸易。

早期,徽州是古越人的聚居之地,后中原大族因各种原因迁入此地,改变了徽州原本的人口构成,开始形成徽州村落。明朝中期以前,徽州村落都是以小农自然经济为主。到弘治、正德年间,因徽商巨大经济力量的支持,村落开始兴盛,徽商巨贾纷纷返乡大兴土木,建设家宅、祠堂,由此促进了建筑业的发展。工匠技艺精益求精,至今皖南城乡还保留许多完好的徽州古建民居。至清朝晚期,村落开始走向衰落。

因为徽州地区山间盆地狭小,所以村落多为聚居型,村落外形与山水的围合空间相吻合。徽州人宗族观念强,聚族而居而且重视墓祭,许多村落甚至是以祖坟为中心发展起来的。徽州人十分注重堪舆,村落的选址一般是在依山面水的地方,讲求"前朱雀,后玄武"。通常会将村前的河流筑坝,形成池塘;还会在村前种植大樟树;村落之间用石板路连接,各村都有饮用水井。徽州地区三面环山,仅西南山脉较远处留有缺口,依堪舆之说,住宅应面向这个"气口",且在偏西南方向冬季日照角度较小,这样可使日光深照于房间之中,所以民居正房多朝西南。(图5-32)徽州民居以村为单位,点缀在群山之间,这与上一节的江南水乡民居形成鲜明的对比。

图5-32 江西婺源思溪村鸟瞰

徽州民居建筑布局组成

徽州民居总平面一般占地不大，多为一家一户，较少建大型住宅，户与户间距较小。（图 5-33）民居平面多为方形，建筑为二层楼，以三合院、四合院为基本单位；正房较长，厢房开间狭窄，进深也小，廊屋是联系建筑各部分的过道，内置楼梯，杂物间另建。因为建筑密集，中间的天井也比较小，有的大型民居天井中堂有一个水池，水池中央架设石板走道；后期则在天井四角设置陶制的天沟管或者排水管，水池就不再需要了。（图 5-34、图 5-35）

徽州民居四周多用高墙封闭，有时露出屋顶，屋顶做硬山。封火山墙的特点突出，如阶梯形状高出屋面，高低起伏犹如万马奔腾，所以也称为"马头墙"（图 5-36）。正楼都是两坡顶，厢房楼是向院内的单坡顶。徽州民居屋顶都是向院内倾斜，要求雨水流到自家的院子里，称为"四水归堂"，寓意"财不外流"（图 5-37）。正楼多为三间，楼下明间称为"堂屋"，左右间为卧室；二楼多做跑马楼[①]形式的通廊环绕，有精雕细刻的栏杆和隔扇门，书房和闺房

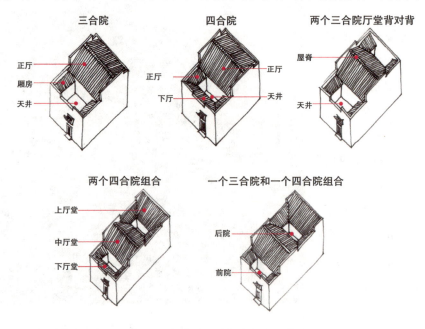

图 5-33　徽州民居组合方式示意图

---

① 跑马楼：四周都有走廊可通行的楼屋。

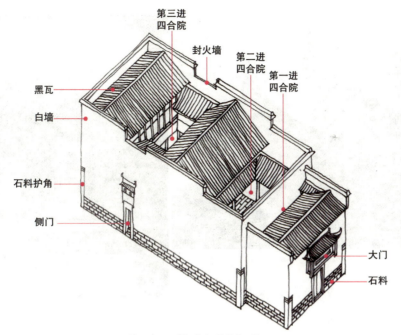

图 5-34 徽州民居俯视图

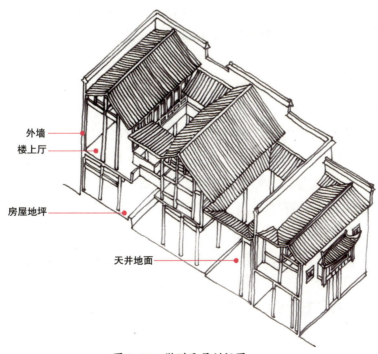

图 5-35 徽州民居剖视图

建构华夏

左图 5-36　马头墙
右图 5-37　江西婺源黄村经义堂

就设置在楼上。楼下的堂屋前檐一般不用隔扇门，多是开敞的，二层明间也是开敞的。厢房因开间进深都很小，故而采光性能较好。

徽州民居建筑主要构件及特色

徽州民居的"徽州三绝"，即木雕、砖雕、石雕，是徽派古典建筑艺术的一个重要特征。木雕一般包括隔扇、平坐、栏杆、月梁、屏风等处，雕刻内容一般为花鸟鱼虫、戏曲人物故事、福禄寿等；砖雕一般用在门楼、门罩、八字墙等处，使用线雕、浮雕、半圆雕、镂空雕等多种技术；石雕一般设置在墙上的漏窗、天井石栏杆、门楼、石框等地，漏窗、石栏多为镂空雕刻，门楼、石框则以浮雕为多。

春天的徽州景色宜人，群山中的黑瓦白墙和漫山遍野的金黄色油菜花是经典的中国式风景。徽州民居的外观独具淡雅出世的韵味，暗含对美好生活的追求，吸引着成千上万的旅人千里而来，流连忘返。

柒 客家"碉堡"——土楼

客家土楼的地域背景

客家土楼主要分布在闽西、闽南、赣南一带客家人聚居区及客家人、闽南人、赣南人混居地区。(图5-38)一般认为大部分客家人是来自中原的移民,是汉民族在中国南方的一个分支,最早的客家人南迁可以追溯到秦始皇在位时期。"客家"这一称谓是与客家先民的迁徙相关联的,对居住地而言,这些人是从别处搬迁过来的客人,以此得名。所以说客家文化一方面保留了中原文化的主流特征,另一方面又容纳了所在地民族的文化精华。

客家土楼的主要特点

土楼是客家人极具特色的民居建筑。土楼有圆有方,楼高墙厚,结构精巧,像城堡一样具有很强的防御性,同时还具有防风、抗震、避暑、御寒等多种功能。土楼中的居住、储藏、炊事、集会、典礼、祭祖等设施一应俱全,数百客家人聚族而居。据资料记载,最小的土楼是永定县湖坑乡洪坑村的"如升楼",只有十二开间,直径17.4米;最大的圆形土楼是平和县芦溪镇芦丰村的"丰作厥宁楼",直径77米,共有七十二开间。

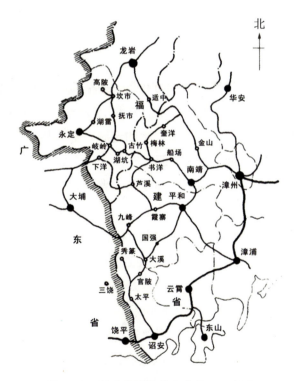

图5-38 福建地区土楼分布情况示意图
(标黑点地名都有土楼分布)

客家土楼主要的形态特点包括：①方形或圆形的规整平面形式，构成巨大居住建筑集合体，能够容纳庞大家族；②边长或直径为30～60米的方形、圆形或其他形状；③层数在两层以上，通常为3～5层的居住组合体；④外墙为生土夯筑的墙体，内部构造为木结构；⑤用中轴线连接进行节庆活动的共有空间：堂屋、天井和祖堂；⑥一层为厨房、餐室，二层为仓库储藏，三层以上为供个人活动的卧室。

直到今日，土楼仍然是客家人喜爱的住宅形式，依然有客家人居住在土楼中。土楼历经千年不衰，主要是因为它具有鲜明的优点：①在建造上就地取材，节约用地，经济适用，适应广大农村经济水平；②外观上厚重的墙体和严密的安保措施，能使居住者在心理和生理上获得安全感；③具有通风、采光、抗震、防潮、隔热、御寒等多种功能，居住舒适；④在适应和协调周围环境上的表现也很出色，布局上符合中国传统的宗法观念。

土楼建筑的主要特色

1. 方形土楼

方楼也叫"四方楼"，是客家土楼中数量最多、分布最广的一种，建造的历史比圆形土楼早。方形土楼一般为纵轴对称，功能与房屋规模主次分明，以厅堂为中心，用宽敞的走廊贯穿全楼，房间都比较方正，适合放置长方形家具，使用起来方便合理。

方形土楼有单体土楼、普通方形土楼和五凤楼三种形式。单体土楼一般为内廊式，内廊2米多宽，廊的两侧设房间，类似现代的办公大楼。单体土楼的外墙均为很厚的夯土墙，内部都是木结构，屋顶均为两坡顶，出檐较大。普通方形土楼一般采取左右对称的布局和前低后高的外观，而且大都选择前低后高的地势。五凤楼是多个单体土楼的院落组合，一般由"三堂两落"组成。"三堂"是位于中部南北中轴线上的下堂、中堂和主楼；"两落"是分别位于两侧的纵长方形建筑，当地又称"横屋"。下堂为门屋，门屋后为横狭长的天井院，左右配以敞廊；中堂为全宅的中心，是全族聚会的地方，中堂面向天井，后面是4层主楼；主楼是全宅最高的建筑，可以俯瞰全宅，是族长的居处。左右的两落（即横屋），分别由3个平面形式相同的单元沿纵向拼接而成；横屋呈阶梯状，由三层逐步递落为两层、单层；屋顶为歇山顶，山墙朝南。在三堂和两落之间形成狭长的院子，前后有出入口，中间以廊子、漏墙相隔，分成小的天井院。五凤楼的布局从福建、广东盛行的"三堂两横"式民居发展而来，但增加了体量和层数，扩大了规模，更适合客家人群居的习惯。（图5-39、图5-40）

图 5-39　方形土楼——赣南东升围鸟瞰

2. 圆形土楼

圆形土楼在客家民居中的数量仅次于方形土楼，它因独特的造型、优美的环境成为客家土楼中争议最大也最具吸引力的一种类型。圆形土楼相对方形土楼有许多优点：没有角落房间；每家每户生活空间分配均等；内院空间比方形土楼的更大一些；构件尺寸容易统一也更加节省木材，施工相对简单；圆形的墙体对风的阻力小，抗震能力更强。当然因为圆弧形外墙的关系，每个房间的外墙都是弧形，摆放家具略不对正，但兴建大圆楼使每个房间的弧线

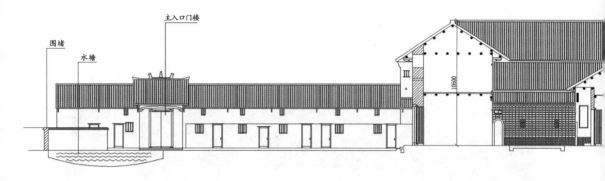

图 5-40 方形土楼剖面示意图

都接近直线的做法可以克服这个弱点。

圆形土楼中最负盛名且规模最大的是位于福建龙岩的永定承启楼，建成于清康熙四十八年（1709）。承启楼里外一共有 4 环，外环直径有 80 余米，三圈环形房屋相套，房间达 300 余间，全盛时住 80 余户，共 600 余人。承启楼每一开间的一到四层为一组，分配给住户使用，人口多的家庭可分配两开间，有公共楼梯解决垂直交通。内部的其他两环房屋仅为一层，也按户分配，作为储藏间和饲养家畜使用。环楼中央是圆形祖堂，供祭祖以及族人议事、婚丧典礼和其他公共活动使用。承启楼是土木混合结构，外墙用厚达 1 米以上的夯土承重墙，与内部木构架相结合，并加设若干与外墙垂直相交的隔墙以增强整体刚性。屋面为环形双坡瓦屋面，为保护土墙少受雨淋出檐极大。因安全需要，外墙下部不开窗，上两层开小窗及射孔；底层开设 3 座大门，均为防火厚木板大门，紧急情况可以直接关上大门，转换为碉堡模式。环形土楼整体是一个筒形结构，极为稳定，现存的土楼有的已有长达二三百年历史，至今依然屹立不倒。（图 5-41）

科幻片中经常把圆形的客家土楼当作外星人在地球上的造物，作为飞船基站或发射联络信号的信号站。当然我们知道客家土楼确实是人类建造的，因为形状独特，单独引领了一个传统建筑类型，也难怪人们觉得它们神秘莫

第五章　民居建筑

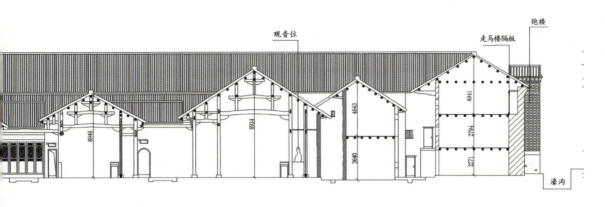

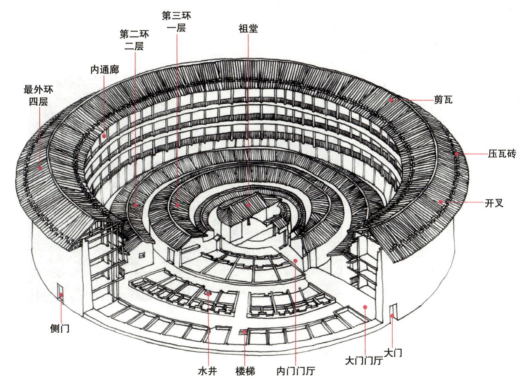

图 5-41　圆形土楼——承启楼局部剖面示意图

测了。这种超前的、充满未来感的设计历经千年而毫不过时，我们甚至可以想象千年后的土楼——当然可能已经不是土做的了——作为城市的载体而存在的可能性也很大？

捌　竹林村落——傣族民居

傣族民居的地域背景

傣族是古百越族的后裔，大多分布在云南省西南部和南部的边境地带。由于所在的地理位置、社会经济发展形态及周边民族文化的影响，傣族文化形成了与中原文化差异较大的分支。

傣族民居的主要特点

傣族聚居的地区坐落在依山傍水、视野开阔的平地。这类地区，因气温高、雨水多、湿度大，建筑材料易被虫蛀，容易发霉腐烂；因临江河容易发生水患，所以傣族民居创造了"竹楼"，这是对干栏建筑的直接继承。（图5-42）

图5-42　傣族竹楼

傣族的主要聚居地西双版纳，古时候交通不便，与中原缺少交往，受中原文化影响较少，因此，傣族传统的"竹楼"建筑在没有外界影响的情况下沿袭至今，与中原建筑差别极大。

傣族民居布局组成

傣族竹楼平面呈方形，通常楼下为架空层，用数十根木柱支撑楼上的重量，四周不设墙，主要用来养家禽家畜、堆放柴火谷物等。竹楼高悬，通风好，有利于防潮、防野兽，还有利于洪水通过，保证竹楼整体的稳固。（图5-43）

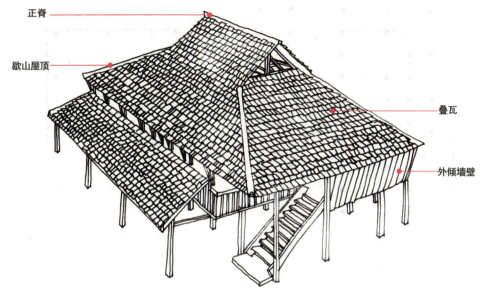

图5-43 傣族民居造型图示

从地面有楼梯通向二楼居住空间，普通人家的楼梯一般只设九步，不可越级。按传统风俗楼梯起步端要朝东，对着太阳升起的地方，这可能跟傣族人的原始宗教有关。

楼梯上到二楼是一条比较宽的走廊，称为"前廊"。前廊是通往堂屋和晒台的必经之路，通常造得很开阔，多以重檐屋面遮阳避雨，檐下摆有桌椅，是傣族人平时工作、吃饭、休息、乘凉和会友的地方。

由前廊转入堂屋，堂屋即是客厅，堂屋中间有一个常年不熄的火塘，火塘是傣族人聚会祭神的地方。一般堂屋的光线较弱，传统上没有桌椅，地上铺篾席方便待客，或白天自家人席地而坐休息片刻。

堂屋的里间是卧室，卧室是一个大通间，四周墙壁没有窗，只以竹墙的缝隙透光；室内没有床，在楼面上铺睡垫；全家数辈同睡一间不分屋，睡垫按辈分顺序横向平行排列，只以纱帐间隔，私密性较差。

前廊的另一端是晒台，没有屋顶遮盖，供盥洗、晒衣、晾晒农作物使用。

晒台为了盥洗功能，在一角集中设置了一些储水的陶土盆钵，所以楼面常比前廊低一级以保持前廊的干燥。（图 5-44、图 5-45）

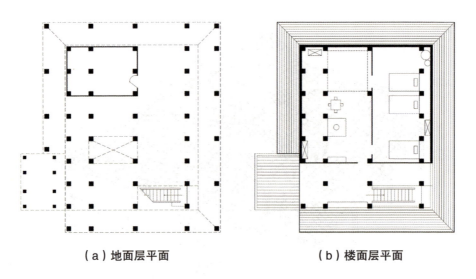

（a）地面层平面　　　　　　（b）楼面层平面

图 5-44　傣族竹楼平面示意图

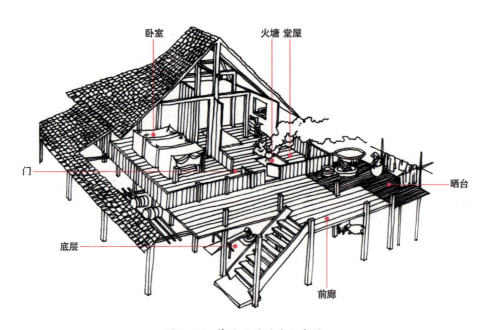

图 5-45　傣族民居功能示意图

傣族民居主要构件及特色

傣族民居通称"竹楼",顾名思义,主要建筑材料是竹子。传统的竹楼中柱子、屋架、楼板、楼梯、墙壁等都用竹子制成,屋顶也用竹做成的檩条支撑,上铺草排。这仰仗于当地竹子资源丰富,可以就地取材,建造出适应当地自然环境的建筑。但竹子防火、防腐、防虫的性能较差,结构上不够结实,不够耐久,所以慢慢地,竹楼的柱子、梁、屋架等主要承重构件逐渐用木结构代替。随着封建领主制度的消灭,房屋等级限制消除,原来规定的建筑材料使用限制不复存在,普通的竹楼也可以使用原来只有贵族才能用的木结构和木质楼板、木板墙、木檩瓦屋面了。

在傣族村寨中,每个家庭的独立封闭性比较薄弱,多数情况下,各家各户用竹篱、绿化围合成一个院落,在院中种植果木、蔬菜或种植竹子,小院可以自由出入。形成这种群居理念的原因是当地原始宗教和农村公社的影响较大,村寨的群体意识浓厚;另外,当地经济发展较为缓慢,商品经济很不发达,村民之间除了自给自足以外还需要互相帮助和支持。

玖 装配式住宅的先驱——蒙古族民居

蒙古族民居建筑的地域背景

蒙古族的传统民居是草原上一种圆形尖顶的天穹式住屋,由木栅、撑杆、包门、顶圈、衬毡、皮绳、鬃绳等部件构成,俗称"蒙古包"。蒙古包是北方狩猎与游牧民族在数千年逐草而居的游牧生活中产生、改进和完善的,是一种适应特殊生产生活方式的装配式居住建筑。

蒙古族民居建筑的主要特点

蒙古包最早出现在旧石器时代,当时生活在北方寒冷地区的原始狩猎部落为了抵御严寒及满足迁徙的需要,创造了适宜游猎生产的可移动式住房"斜仁柱"。最初的斜仁柱由几十根木杆聚在一起，外面覆盖数张兽皮。公元前7世纪，斜仁柱几经演变，外形呈现穹庐状，初具蒙古包的雏形，并成为北方戎狄人在游牧生活中的主要居住建筑。公元前5世纪，匈奴人对蒙古包进一步完善，使之基本定型，以后的鲜卑、突厥、契丹等北方游牧民族沿用了这一居住形式。到了12世纪蒙古帝国时期，成吉思汗统一了北方各少数民族，蒙古包的制作进入鼎盛时期，出现了可容纳千人的巨型蒙古包、由几十头牛牵引的车上蒙古包等各式各样巨大豪华的蒙古包，称为"宫帐"；16世纪，清军入关建立清朝后，被统称为"蒙古包"。"包"在满语中是"家"的意思，蒙古包就是蒙古人居住的家。（图5-46）

图5-46　草原上的蒙古包

蒙古族民居建筑主要构件及特色

蒙古包为毡木结构体系，构造轻便耐用，便于拆装和迁徙，所有材料均可就地取材。

蒙古包的骨架由"哈那""陶脑""乌尼"等标准构件组成。"哈那"是可伸缩折叠的木制圆形网架墙，"陶脑"是木制圆形天窗，"乌尼"是连接天窗与墙的椽条。

蒙古包平面为圆形，直径一般为4米左右，面积在12~16平方米，边高1.4米左右，包中高2.2米左右；包中空间较小，节约能源，适合用牛粪砖、羊粪砖等燃料采暖。蒙古包一般架设在地势较高的地方，以避免积水和防潮；架设时用皮条、鬃绳将哈那、陶脑、乌尼绑扎成上部呈圆锥形、下部为圆柱形的网架，然后根据气温在上面覆盖一至二层毛毡，再用绳索束紧。下部设置一圈活动毛毡，夏季可以掀开通风；地面铲去草皮略加平整，铺一层牛粪，煨燃以驱赶潮气，有条件的话铺一层砂，砂上再铺特制加厚的毛毡、地毯二至三层。蒙古包的门为木制，内外表面刷有色彩鲜艳的颜料；入口朝向为东南或正南，便于早一点采光及抵御西北季风的直接侵入。蒙古包内铺着地毯，人们不用脱鞋，盘膝而坐，奶茶、酒和食物都放在地毯上，没有矮桌子，沿蒙古包墙壁一圈布置家具。蒙古包中心是炉灶，用一根烟筒从上面的天窗伸展出去；西北角供佛龛，佛龛前禁忌坐人；门的右面是放置炊具及妇女平时活动和居住的区域。（图5-47、图5-48）

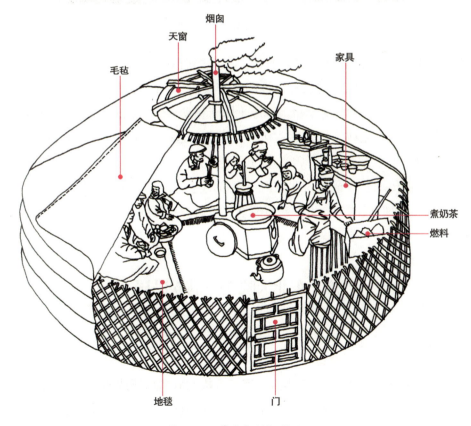

图 5-47　蒙古包剖视图示

建构华夏

图 5-48　蒙古包内部陈设实景

普通的牧民拥有 1~3 座蒙古包，富户拥有 6~8 座。一般 60~70 座蒙古包聚集在一起，搬迁时蒙古包拆卸或安装在一小时内完成，分别装在勒勒车上，用牛、马或者骆驼牵拉。草原上除了移动式蒙古包外，还有一类叫"杜贵格勒"的土木结构定居式蒙古包。这类蒙古包的出现使单纯的游牧有了定居的倾向，北方游牧民族都曾沿用过这类住房。

蒙古包传承至今已成为北方游牧民族的象征，至今在牧民的生产生活中依然具有十分旺盛的生命力，是草原地区旅游业不可或缺的一部分。

拾　东北大院——满族民居

满族民居的地域背景

满族这个名称是在 1635 年清太宗皇太极改族名后形成的。满族的先世可以追溯到先秦古籍中的肃慎、汉与三国时期的挹娄、南北朝时期的勿吉、隋唐两代的靺鞨、辽宋元明时期的女真。他们主要生活在长白山主山脉、支山脉的东北三省广大地区，依靠山林以游牧渔猎为生活来源。东北地区气候属于中温带大陆性气候，春季雨水多，昼夜温差大，夏季炎热多雨，秋季天气晴朗霜重，冬季严寒漫长，达5个月之久。满族是以17世纪生活在辽宁省新宾县地区的建州女真为主体，在连年征战中吸收了海西女真、野人女真、大量蒙古族和汉族而形成的民族共同体。

满族人有自己的语言文字——满语和满文，是在吸收了蒙古文发音和书写的基础上，修改老满文而形成的新满文。清太宗皇太极建立清王朝以后，提倡在学习满文、满语的同时加强对汉语的学习；清世祖福临入关以后逐渐废弃了满语和满文，使用汉语汉文，同时大量接受汉民族文化。满族信仰的原始宗教是萨满教；在入关之前为了政治需要拉拢元朝后裔蒙古族，还信仰了从西藏传入蒙古的喇嘛教；入关之后历代皇帝汉化程度不断加强，在信仰中又加入了佛教和道教的内容。满族从民族成分到信仰追求都经历了不断学习、融合的过程。

满族民居布局组成

满族民居是人们比较熟知的东北大院的一种，与北京四合院同属合院建筑，是充分反映"因地制宜"思想的建筑典范。与中部以及南部地区的院落民居不同，满族民居不是用建筑而是用院墙围合出院落，建筑往往只占据院落的北侧。虽然有因家族庞大而建、配有东西厢房的巨大院落，但厢房通常是配套用房，而非居住用房，院落南侧或东南侧为牲畜用房或库房。这种居住布局，与东北地区人均用地大，以及特有的气候环境、民俗习惯等有很大的关系。

院落总体布局一般朝南，有内外两进院落，每进院落的正门都位于院墙的正中。第一进院落东西两侧有厢房，但一般不住人；第二进院落有一正两厢共3栋房屋，正房为主要居室，厢房也不住人。满族人长期居住在东北的山区，逐渐养成喜爱居高的习惯，后期民居逐渐向平原过渡，往往在山脚下依山就势而建，满族民居里人工夯筑高台的习惯也是这一时期形成的，一般用于等级较高的民居。筑高台一方面适应喜高的习惯，另一方面有利于防卫。夯土高台的高度也是地位等级的标志，高度越高等级越高。与汉族高台只抬

高单体建筑不同，满族高台使整体院落都被抬高。（图 5-49）

正房平面有五开间和三开间两种，进深六架椽，一般前后不出檐，在入口处形成一个室内外过渡空间的平台。平台是室内室外的过渡空间，不仅隔开了院子，使室内保持干净，还提供了一个室外活动场所。正房平面在东侧梢间开门，形成西侧面积较大的空间，俗称"口袋房"，这主要是为了适应寒冷的气候，使主要居住活动空间不直接与外界接触。进入正门就是灶间，灶的位置主要是为了烧南北炕兼做饭，也有把水井打在灶旁的，以防止寒冬水井冻结不能正常取水，同时也方便住户日常生活的需要。满族民居入口间北向往往做成"倒闸"，即用隔扇门分割灶间和房间。倒闸进一步隔绝了北向的冷空气，它同灶间的暖流一起加热从正门进入的冷空气，以避免因开关门造成热量散失。正房入口两侧为居住空间，东西炕加上南北山墙处的条炕，形成满族民居中独具特色的"万字炕"。东北漫长而寒冷的冬季，促使人们居住在一个屋里集中采暖躲避寒冷。东西大炕是供家庭成员睡觉休息的地方，南北条炕上面是摆放祭祀用品的地方。厢房一般三开间，明间开门，室内有炕，平面布置往往比较灵活，可做"万字炕"或"一字炕"。（图 5-50）

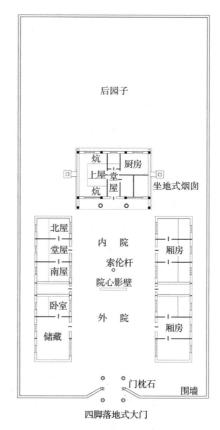

图 5-49 本溪满族民居复原图

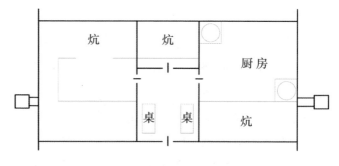

图 5-50 满族民居平面图

满族民居主要构件及特色

满族民居的屋顶形式是两坡硬山顶,一般采用青色板瓦,做成仰瓦屋面,在两山处做三陇和瓦压边,檐口有滴水。(图5-51)早期满族民居正门做成单扇向外开启的"拍子门",清中期以后的满族民居按照汉族民居的样式,把入口两檐柱间做成满隔扇门,上带横披。满族民居的结构方式为抬梁式,内外墙不起承重作用。台阶上置柱础,柱础上立圆柱,柱上架梁,梁上支短柱,短柱上置檩,檩上再架梁,如此层叠而上。室内只在明间与东次间交界处设一根通天柱;民居中很少有直接露出梁架的做法,一般在梁上做吊顶,室内只能看到梁底,梁架以上的结构隐藏在吊顶之上。

图5-51 满族民居(吉林省吉林市王百川居宅旧址)

参考书目

[1] 侯幼彬,李婉贞. 中国古代建筑历史图说 [M]. 北京：中国建筑工业出版社,2002.

[2] 王晓华. 中国古建筑构造技术 [M]. 北京：化学工业出版社,2013.

[3] 李允鉌. 华夏意匠：中国古典建筑设计原理分析 [M]. 天津：天津大学出版社,2014.

[4] 刘叙杰,傅熹年,郭黛姮,等. 《营造法式》彩画研究 [M]. 南京：东南大学出版社,2011.

[5] 傅熹年. 中国古代建筑史：第一卷至第五卷 [M]. 北京：中国建筑工业出版社,2009.

[6] 萧默. 中国建筑艺术史：上,下 [M]. 北京：文物出版社,1999.

[7] 中国社会科学院考古研究所. 北魏洛阳永宁寺 1979—1994 年考古发掘报告 [M]. 北京：中国大百科全书出版社,1996.

[8] 王南. 古都北京 [M]. 北京：清华大学出版社,2012.

[9] 贺从容. 古都西安 [M]. 北京：清华大学出版社,2012.

[10] 贺业钜. 中国古代城市规划史 [M]. 北京：中国建筑工业出版社,1996.

[11] 贾珺. 中国皇家园林 [M]. 北京：清华大学出版社,2013.

[12] 唐鸣镝,黄震宇,潘晓岚. 中国古代建筑与园林 [M]. 北京：旅游教育出版社,2003.

[13] 傅熹年. 中国古代城市规划、建筑群布局及建筑设计方法研究：上册 [M]. 北京：中国建筑工业出版社,2001.

［14］张一兵. 明堂制度研究 [M]. 北京：中华书局，2005.

［15］于倬云. 紫禁城宫殿 [M]. 北京：人民美术出版社，2014.

［16］陈伯超. 沈阳都市中的历史建筑汇录 [M]. 南京：东南大学出版社，2010.

［17］陈平，王世仁. 东华图志：北京东城史迹录：上卷 [M]. 天津：天津古籍出版社，2005.

［18］中国美术全集编辑委员会，杨明道. 中国美术全集：建筑艺术编 2：陵墓建筑 [M]. 北京：中国建筑工业出版社，1988.

［19］姚安，范贻光. 坛庙与陵寝 [M]. 北京：学苑出版社，2015.

［20］南怀瑾. 中国佛教发展史略 [M]. 上海：复旦大学出版社，1996.

［21］潘桂明. 中国的佛教 [M]. 北京：商务印书馆，1997.

［22］赵朴初倡，周绍良主编. 梵宫：中国佛教建筑艺术 [M]. 上海：上海辞书出版社，2006.

［23］王鲁湘. 神明之地：寺观·石窟·佛塔·陵墓 [M]. 严钟义，薛玉尧，摄. 北京：文化艺术出版社，2005.

［24］Knud Larsen，Amund Sinding-Larsen 著，拉萨历史城市地图集：传统西藏建筑与城市景观 [M]. 李鸽，木雅·曲吉建才，译. 北京：中国建筑工业出版社，2005.

［25］李乾朗. 穿墙透壁：剖视中国经典古建筑 [M]. 桂林：广西师范大学出版社，2009.

［26］潘谷西. 曲阜孔庙建筑 [M]. 北京：中国建筑工业出版社，1987.

［27］陈丽萍，王妍慧. 中国石窟艺术 [M]. 长春：时代文艺出版社，2007.

［28］陆元鼎. 中国民居建筑：上，中，下 [M]. 广州：华南理工大学出版社，2003.

［29］王其钧. 图说中国古典建筑：民居·城镇 [M]. 上海：上海人民美术出版社，2013.

［30］戴华刚. 中国国粹艺术读本：民居建筑 [M]. 北京：中国文联出版社，2008.

［31］李秋香等. 浙江民居 [M]. 北京：清华大学出版社，2010.

[32] 李秋香等. 福建民居[M]. 北京：清华大学出版社，2010.

[33] 李秋香，罗德胤，贾珺. 北方民居[M]. 北京：清华大学出版社，2010.

[34] 李秋香，楼庆西，叶人齐. 赣粤民居[M]. 北京：清华大学出版社，2010.

[35] 吴正光等. 西南民居[M]. 北京：清华大学出版社，2010.

[36] 辛惠园. 中国明清时期和韩国朝鲜时期的坛墙建筑形制比较研究[D]. 清华大学，2014.

[37] 张燕.《周礼》所见王室起居职官专题研究[D]. 吉林大学，2011.

[38] 吴樾. 新石器时代晚期至西周宫殿建筑设计研究[D]. 苏州大学，2014.

[39] 曾辉. 清代定陵建筑工程全案研究[D]. 天津大学，2005.

[40] 马楠. 西周"五门三朝"刍议[J]. 出土文献，2010.

[41] 石谦飞，李荣. 文物古建筑保护规划前期调研的内容和方法——以永乐宫保护调研为例[J]. 中北大学学报（社会科学版），2011(1)：45—49.

好书推荐

《建构华夏：图解中国古建筑》
孙蕾　王安琪　柴虹 / 编著

360 张图详解中华古建筑，
阐扬国故，复兴传统文化；
权威通俗，四色精美印刷。

《慧聚中华：中国思想版图的十二座高峰》
陈士银 / 著

带你览尽先秦诸子，探寻中华传统思想之源
领略梁启超、钱穆、易中天推崇的百家争鸣

《易经初解》
王子娇 / 著

好看又好懂的学《易》入门书，
贯通经典，习得智慧。

《茶修》
王琼 / 著

借茶修为，以茶养德。
中国茶里的修行之道，
已有超过百万人获益。

《唐朝的春风大雅》

栗子 / 著

唐诗就是一片世外桃源,
我们读唐诗,
其实就是缘溪行。

《宋朝的江山风月》

栗子 / 著

读宋词的过程就是亲近一棵大树的过程,
有树在,或者能在刹那间遇见古人,
或者能在微尘中显现大千。

《〈论语〉心要——南怀瑾"别裁"参译(上、下)》

怀师文化编委会 / 编　赵强 / 译注

怀师文化权威编订出版,还原《论语》真正内涵和孔子原意,
不离文字,不执文字,生动通俗,经典珍藏。

《日本人的"真面目"》

卞毓方 / 著

华语写作日本文化第一书，
热血青年必读爱国书。

《日本人的"真面目"2》

卞毓方　林江东 / 著

和歌山、大阪、京都、东京、镰仓、鹄沼……
两位作者的笔就是俯仰中日的飞行器，
带我们跨海旅行，感受历史，认识现实，
回恋文化，体味差别。

《玉见：我的古玉收藏日记》

唐秋 / 著

石剑 / 摄影

享受一段与玉结缘的悦读时光，
遇见一种温润如玉的美好人生。

《与茶说》

半枝半影 / 著

茶入世情间，一壶得真趣。
这是一本关于茶的小书，
也是茶与中国人的对话。

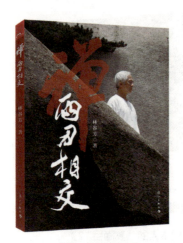

《禅 两刃相交》
林谷芳 / 著
以禅者立场直抒宗门风光，
直析禅门修行虚实，
直达禅的本质与核心。

《春深子规啼》
林谷芳 / 著
春花、夏鸟、秋枫、冬雪，
生命原可如此得其当下，尽其一生，
会不会得，就看你转不转身。

《落花寻僧去》
林谷芳 / 著
禅者林谷芳的行脚记录。
芒鞋踏破，何只在道人脚下，
江湖无限，何只在云水生涯。

《诸相非相：画禅［二］》
林谷芳 / 著
24 篇讲禅也讲画的文章，
解读中国禅画家的境界，
日本禅画家的风光。